职业教育·通用课程教材

科普认知与实践

李 佳 陈 彬 主 编

唐自然 陈忠林 吕冬梅 副主编

人民交通出版社

北 京

内 容 提 要

本书为职业教育通用课程教材。全书由六个模块组成,主要内容包括:科普基础认知与技能、科普作品赏析、科普作品创作与实践、科普讲解与传播、科普产业经营与管理、科普活动策划与评估。

本书可作为高等职业教育通用课程教材,也可供科普从业人员、科普志愿者参考。

*本书配套教学课件、教案等助学助教资源,请有需要的教师通过加入"职教公共基础课研讨群"(QQ群号:985149463)获取。

图书在版编目(CIP)数据

科普认知与实践/李佳,陈彬主编. —北京:人民交通出版社股份有限公司,2025.6. —ISBN 978-7-114-20495-1

Ⅰ. N4

中国国家版本馆 CIP 数据核字第 2025QB8793 号

职业教育·通用课程教材
Kepu Renzhi yu Shijian

书　　名:**科普认知与实践**
著 作 者:李　佳　陈　彬
责任编辑:滕　威
责任校对:赵媛媛
责任印制:张　凯
出版发行:人民交通出版社
地　　址:(100011)北京市朝阳区安定门外外馆斜街 3 号
网　　址:http://www.ccpcl.com.cn
销售电话:(010)85285911
总 经 销:人民交通出版社发行部
经　　销:各地新华书店
印　　刷:北京交通印务有限公司
开　　本:787×1092　1/16
印　　张:10.5
字　　数:207 千
版　　次:2025 年 6 月　第 1 版
印　　次:2025 年 6 月　第 1 次印刷
书　　号:ISBN 978-7-114-20495-1
定　　价:42.00 元

(有印刷、装订质量问题的图书,由本社负责调换)

前言

[编写背景]

党的二十大提出:"加强国家科普能力建设",要将科普工作纳入国家科技创新体系;同时提出"加强青少年科技教育",要将科普作为人才培养的重要环节。习近平总书记在全国科技创新大会、两院院士大会、中国科协第九次全国代表大会上强调:"科技创新、科学普及是实现创新发展的两翼,要把科学普及放在与科技创新同等重要的位置。"

长期以来,我国科普人才规模明显不足,专职人员数量较少,且多数专职人员缺乏科学传播科普的背景,这导致核心队伍稳定性差,难以满足高质量科普需求。科研人员虽然具有专业优势,但普遍缺乏科普表达能力、传播技巧及融媒体技术应用能力。此外,科普人才年轻化趋势显现,但多数科普人才对新媒体技术(如图像处理、视频制作、AI写作)掌握不够熟练,系统性培训机会较少。高职院校学生作为未来社会的中坚力量,肩负着传播科学知识、弘扬科学精神、推动科技创新的重要使命。因此,培养具备扎实科普理论基础和实践技能的高素质人才,是时代赋予我们的责任。

[教材内容]

本教材共设六个模块,包括科普基础认知与技能、科普作品赏析、科普作品创作与实践、科普讲解与传播、科普产业经营与管理、科普活动策划与评估。这六个模块既相互独立,又紧密联系,共同构成了一个完整的科普教育技能体系。学生通过学习本教材,不仅可以掌握科普教育的基本理论和技能,还能培养创新思维、团队协作和解决问题的能力,为未来从事科普工作打下坚实的基础。

[编写团队及分工]

本教材的编写团队由长期从事科普教育研究和实践的专家学者、一线教师以及行业资深人士组成。我们结合自身多年的教学经验和科研成果,力求将理论与实践紧密结合,为学生提供系统、实用、前沿的科普教育知识体系。同时,我们也参考了大量国内外优秀的科普教材和案例,汲取了其中的精华,以确保教材内容的科学性和权威性。

本教材由湖南铁路科技职业技术学院李佳、陈彬担任主编,唐自然、陈忠林、吕冬梅担任副主编,冯佳佳、杨琳、王燕蕾、陈倩茹、褚衍廷参与编写。具体分工如下:李佳负责框架体系构建并统稿,并和冯佳佳老师承担模块一的内容编写,陈彬、杨琳、王燕蕾负责承担模块二、模块三的内容编写,吕冬梅、陈倩茹负责模块四的内容撰写,陈忠林、褚衍廷、唐自然负责承担模块五、模块六的内容撰写。

[致谢]

本教材在编写过程中参阅了部分专家和学者的著作,在此向他们表示最诚挚的谢意,同时也感谢各位提供素材和案例的老师。

由于编者水平有限,书中难免存在疏漏和不妥之处,敬请广大读者批评指正,以便我们继续改进。

编　者

2025 年 3 月

目录

模块一

科普基础认知与技能

📖 学习目标

1. 知识目标

(1)理解科普的概念,认识科普的意义。

(2)了解科普的发展历程,掌握科普的传播渠道。

(3)厘清科普所需技能,明晰科普人才队伍建设方向。

2. 能力目标

(1)培养科学思维,能够运用逻辑思维进行推理和演绎。

(2)运用科学知识解决实际问题,增强实践能力和创新意识。

(3)提升科普传播能力,有效传递科学信息。

3. 素质目标

(1)培养求真务实的科学精神与严谨的实证态度。

(2)形成终身学习的科学探索热情。

(3)建立科技强国的文化自信。

■ 问题驱动

铁路列车是如何掉头的?

当列车运行到达目的地后,它是如何掉头的?

一、特殊线路

列车要实现掉头,是可以通过设计特殊的线路来实现的。例如"灯泡线",车头绕一个大圈行驶掉头,行驶轨迹好似灯泡的线路。

还有"三角线",三段线路以三角形的形状交会,交会点设有转辙器,列车在三条线路上按照一定的进退规则运行,从而实现转向,这样的转向方式占地较大,适合早期的单向列车头,随着铁路的发展已被慢慢替代。

二、机车转盘

机车转盘是机车掉头转向专用设备,列车司机将需要转向的机车开上转盘,转盘操作人员根据机车的型号、长度、重量和重心,准确判断机车在转盘上的停留位置,及时提醒列车司机停车。机车停稳后,在转盘操作人员的操纵下,机车随着转盘的转动开始转向,转盘停止转动后,列车司机驾驶机车驶出转盘,一次机车转向作业就完成了。

三、换端作业

电力机车、内燃机车为单向车头或双向车头,单向车头只有一个司机室,双向车头两端均有司机室,驾驶双向车头的列车司机,只需要换司机室就可以实现机车的换向,专业术语叫作"换端作业"。一列动车前后两端都可以牵引列车,当到达终点站,需要更换方向行驶时,司机从一端走到另一端驾驶室就能实现动车换向行驶。

引导问题:

1. 通过阅读以上资料,你了解铁路列车是如何掉头的吗?

2. 什么是科普?科普的意义有哪些?

理论导航

一、科普的概念与意义

(一)科普的概念

科普,全称为科学技术传播普及,是指利用适当的传播方法、媒介、活动,通过科学技术知识、科学方法、科学思想、科学精神以及科学技术与社会发展信息的传播普及,促进科学技术的扩散和公众对科学技术的分享,激发个人、群体、社会组织对科学技术的意识、体验、兴趣、理解、参与的过程。[①]通俗而言,科普是指采用公众易于理解、接受和参与的方式,普及自然科学和社会科学知识,传播科学思想,弘扬科学精神,倡导科学方法,推广科学技术应用的活动。其核心在于将科学知识和技术以非专业、通俗易懂的形式传达给大众,使他们能够理解并应用这些知识。其目的在于提高公众的科技文化素质,促进社会的物质文明、精神文明和政治文明建设。

具体来说,科普活动通常包括以下几个方面。

1. 科学知识的普及

通过书籍、杂志、电视、网络等媒介,以及展览、讲座、科普活动等形式,向公众传播科学知识。这些科学知识包括基础科学原理、科学现象、科技进展等。

2. 科学方法的推广

科普不仅关注科学知识的传播,还强调科学方法的重要性。如通过科普活动引导公众掌握实验、观察、推理、验证等科学方法,帮助他们掌握科学思维方法,提高解决问题的能力。

---

①任福君,翟杰全.科技传播与普及概论[M].修订版.北京:中国科学技术出版社,2014.

3.科学精神的弘扬

科学精神包括探索精神、创新精神、实证精神等,科普活动致力于培养公众的科学素养,使他们能够以科学的态度和方法去面对生活中的各种问题。

4.科学技术的应用推广

科普还关注科学技术在社会生活中的实际应用,通过展示科技产品的功能和使用方法,提高公众对科技产品的认知和接受度,推动科技产品的普及和应用。

(二)科普的意义

科普的意义深远且广泛,它不仅关乎个人成长和社会进步,还直接影响国家的整体竞争力和创新能力。

1.提升公众科学素养

科普活动通过向公众普及科学知识、传播科学方法和科学精神,帮助人们建立科学的世界观和方法论。这能够提升公众对自然现象、社会问题的理性认识,增强他们运用科学知识解决实际问题的能力,从而提高整个社会的科学素养水平。

2.促进科学与社会融合

科普是科学与公众之间的桥梁,它有助于消除公众对科学的误解和偏见,增强公众对科学的信任和支持。通过科普,公众可以更好地理解科学研究的价值和意义,从而更加积极地参与和支持科学事业,推动科学与社会的深度融合。

3.激发创新潜能

科普活动通过展示科学研究的成果和过程,激发公众对科学的兴趣和好奇心,培养他们的探索精神和创新精神。这种创新精神是推动社会进步和发展的重要动力,也是国家竞争力的核心要素之一。

4.推动社会可持续发展

科普活动不仅关注科学知识的传播,还关注科学技术在社会生活中的实际应用。通过推广先进的科学技术,提高公众的科技素养,科普有助于推动社会的科技创新和经济发展,为实现可持续发展目标提供有力支撑。

5.增强国家竞争力

在全球化背景下,国家的竞争力越来越依赖于科技创新和人才储备。科普活动通过培养公众的科学素养和创新精神,为国家培养了大量的科技人才和创新人才,从而增强了国家的整体竞争力和创新能力。

6. 促进文化多样性和包容性

科普活动通过向不同文化背景和群体普及科学知识,有助于促进文化的多样性和包容性,消除文化隔阂和偏见,增进不同群体之间的理解和尊重,推动社会的和谐与进步。

综上所述,科普不仅能提升公众的科学素养,还能推动科学与社会、经济、文化的深度融合,促进国家的整体发展和进步。因此,我们应该高度重视科普工作,加强科普宣传和教育,为构建和谐社会、实现可持续发展奠定坚实的基础。

二、科普的发展历程与传播渠道

(一)科普的发展历程

科普历史悠久,但真正意义上的现代科普则伴随着科学的发展和社会的进步而逐渐兴起。以下是对科普发展历程的简要概述。

1. 前科普阶段

从原始社会技术的萌芽期到 19 世纪中期,这一时期可以视为科普的萌芽或前科普时期。在这个阶段,科普尚未形成有意识的独立社会行为,而只是一种"潜在"的早期形态。虽然科普活动通常是有目的、有组织的,但尚未形成系统的科普体系和广泛的公众参与。

2. 近代传统科普阶段

从 19 世纪中期到 20 世纪中期,科学技术在许多领域内建立了成熟的体系,科学技术成果不断涌现,形成了传统科普主流的科学技术知识单向传播模式。在这个阶段,科普工作开始受到重视,并逐渐发展成为一种有意识的社会行为。科普活动逐渐增多,科普读物和科普展览等也开始出现,为公众提供了了解科学知识的渠道。

在中国,近代科普的发展可以追溯到清末民初时期。随着西方科学知识的传入,一些有识之士开始意识到科学技术在国家发展中的重要作用,并开始兴实业、办学校,推广科学知识。例如,1915 年创办的《科学》杂志,就是中国现代科学传播与普及的先驱。

3. 现代科普阶段

第二次世界大战以后,科学技术继续迅猛发展,成为引领社会前进的主要力量。自 20 世纪 80 年代以来,科学技术传播普及发展成为一个活跃的实践领域。正如英国《科学与公众》报告所强调的那样,与科学技术相关的学术团体、政府部门、大学和科研机构、公司企业、媒体组织以及科学中心、科技博物馆等许多组织都在积极参与各种科学技术传播普及活动,科学技术传播普及活动呈现出丰富多彩、形式多样的特点,其中既有面向公众普及科学技术知识的活动类型,也有促进公众理解科学的活动类型,还有鼓励普通公众参与科学技术议题讨论的对话活动(例如"共识会议"①等)。

科学传播的开展离不开科学传播政策的引导和支持,其决定了科学传播行为的组织、开展、监督、评价等各个方面,保障了科学传播的效果。发达国家普遍重视科学传播政策的制定与实施,例如美国在政府发布的各种科技和教育政策支持下,建立起由政府、学校、研究机构、企业、民间组织等多方参与协同的科学传播体系。英国在 2017 年 3 月发布了《科学传播与参与》(Science Communication and Engagement)报告,开展调查并提出建立针对性科学误报纠正机制、政府应该促进和增强科学在决策中的作用、平衡科学与政治间的关系等针对性建议。日本、韩国也制定了相关的科学传播政策和法律,以提高全体国民科学素质,增强国家综合国力。② 与此同时,科学技术的负面效应也日渐突出,公众对科学技术的发展和应用的关注度不断提高。因此,现代科普在传播科学知识的同时,还要进行科学思想、科学方法、科学精神、科学道德的普及教育。

我国现代科普的发展历程可以大致划分为以下几个阶段。

1)起步阶段(1949—1977 年)

1949 年,中华人民共和国成立,科普事业迎来了新的发展机遇。政府成立了科学普及局等专门机构,负责推广科学知识。

1950 年,中华全国自然科学工作者代表大会在北京举行,决定成立"中华全国自然科学专门学会联合会"(简称全国科联)和"中华全国科学技术普及协会"(简称全国科协)。这两个组织的建立为科普事业的发展提供了有

---

① 共识会议(Consensus Conference)最早起源于丹麦,丹麦技术委员会于 1987 年举办了第一次共识会议。所谓共识会议,通常是针对敏感且有争议的科学技术问题,组织由公众、专家、利益相关方共同参与对话讨论的会议。在会议上,公众代表可以向专家及相关方提出疑问,然后通过充分的交流讨论,达成共识性意见,最后由公众代表撰写共识报告,并向社会公布。共识会议的主要特点包括针对有争议的科学技术问题,通过公众参与达成某种共识,公众和专家可以充分交流和对话。自1987 年以来,此类共识会议在世界范围内已举办过几十次,会议主题涉及转基因食品、基因疗法、转基因作物、基因检测、克隆技术、信息技术、纳米技术等。

② 赵玉龙,鞠思婷,郭进京,等.发达国家科学传播政策分析以及对我国的启示[J].科普研究,2022,17(3):72-82,104,109.

力的组织保障。

在这个阶段,科普工作主要围绕生产实践展开,为企业提供技术培训、技术服务,在农村推广先进技术、先进经验。同时,还组织了大量科普讲座、科普展览等活动,提高了公众的科学素养。

2）发展阶段(1978—2001 年)

1978 年,全国科学大会召开,这标志着中国科学技术发展迈向面向世界、面向未来的转折点。大会强调了科学技术的重要性,并提出了"向科学进军"的口号,为科普事业的发展提供了新的动力和机遇。

在这个阶段,科普工作全面恢复并逐渐走向繁荣。科普读物、科普影视等方面的科普工作取得了巨大的成就。同时,青少年科技活动也受到各方面的关注和重视。

1993 年,《中华人民共和国科学技术进步法》开始施行。1994 年,党中央发布了《中共中央、国务院关于加强科学技术普及工作的若干意见》,这是第一个涉及科普工作的纲领性文件。该文件从社会主义现代化建设事业的兴旺和民族强盛的角度出发,论述了科普工作的重要意义。

3）制度化阶段(2002 年至今)

2002 年,我国第一部关于科普的法律——《中华人民共和国科学技术普及法》公布实施,标志着"依法科普,法兴科普"时代的开启。

在这个阶段,科普工作逐渐走向制度化、规范化。政府加大了对科普工作的投入和支持力度,推动了科普事业的快速发展。同时,社会各界也积极参与科普工作,形成了全社会共同关注、支持科普事业的良好氛围。

党的十八大以来,党和国家对科学普及的重视程度不断提高。2016 年 5 月 30 日,习近平总书记在全国科技创新大会、两院院士大会、中国科学技术协会(简称中国科协)第九次全国代表大会上深刻指出:"科技创新、科学普及是实现创新发展的两翼,要把科学普及放在与科技创新同等重要的位置。没有全民科学素质普遍提高,就难以建立起宏大的高素质创新大军。"在提出"两翼理论"的同时,习近平总书记还强调:"希望广大科技工作者以提高全民科学素质为己任,把普及科学知识、弘扬科学精神、传播科学思想、倡导科学方法作为义不容辞的责任。"①这一重要论述为科普工作指明了前

---

① 刘婧一. 科技人力资源科普化的现状与建议:以我国五省市科技工作者开展科普工作为例[J]. 今日科苑,2022(9):57-70.

进方向,提供了根本遵循。

2021 年 6 月 3 日,国务院印发了《全民科学素质行动规划纲要(2021—2035 年)》,标志着新时代我国科普事业在中国共产党的领导下迈向新的、更高的发展阶段。

2022 年 9 月,中共中央办公厅、国务院办公厅印发了《关于新时代进一步加强科学技术普及工作的意见》,提出"全社会共同参与的大科普格局加快形成"的发展目标,并明确提出"到 2035 年,公民具备科学素质的比例达到 25%"。

2024 年 12 月 25 日,十四届全国人大常委会第十三次会议表决通过了新修订的《中华人民共和国科学技术普及法》(简称《科普法》),这是《科普法》自 2002 年颁布以来首次修订,意味着我国科普工作即将迈入全新的发展阶段。

综上所述,科普的发展历程是一个不断演变和完善的过程。随着科学技术的不断发展和社会的进步,科普工作将继续发挥重要作用,为提高公众科学素养、推动社会进步和创新发展做出更大贡献。

(二)科普的传播渠道

科学技术与社会的快速发展,社会科普需求的不断增长,政府部门的积极引导和大力支持,科研机构和大学、科技团体、教育机构、大众传媒、企业、社区、各类专业组织乃至公众团体或群体等社会各方面的广泛参与,为科技传播与普及的发展提供了复合动力,推动了当代科技传播与普及事业的繁荣,使其在内容方面更加丰富多彩,在活动形式方面更加灵活多样,在传播渠道方面也逐渐形成了科技教育、科普设施传播、传播媒体传播、群众性科普活动等基本渠道。随着科学技术的快速发展及其在生产生活中的广泛应用,科普需求不断增长,加上当代传播技术和传播理念的不断发展,科普工作进入了大繁荣、大发展的新阶段。科普活动呈现多元化发展态势,在提供大量的科学知识的同时,传播渠道也日趋多样。

1. 科技教育:基于教育过程的科技传播与普及

科学技术教育(通常简称为"科技教育""科学教育")是以科学技术为内容的教育活动。从广义角度理解,所有科技教育活动都和科技传播与普及有密切的关系,无论是在校内开展的科技教育,还是在校外开展的科技教育,都具有传播普及科学技术的功能。从科技教育的基本特征看,可以认为科技教育是以科学技术为内容的教育,是通过传授科学技术知识、科学探究方法的教育过程和训练活动,促进受教育者获得科技知识、掌握科学方法、提高知识应用能力、领会科学思想和科学精神,并在科学技术探究方面获得某种基础能力和相应训练的教育活动。科技教育实际上承担着知识传授、能力培养、素质提升等多种重要任务。特别是随着国民义务教育制度的不断推进,科技教育已经成为公众接触和学习科学技术的基础途径,成为面向社会公众传播与普及科学技术的基本渠道。20 世纪 70 年代以来,随着公民科学素质理论研究的不断深化和公民科学素质调查的不断深入,人们发现各种形式的科技教育对提高公民科学素质有重要作用,融合校内外各种形式的科技教育因而成为科技传播与普及、提升公民科学素质的一种重要理念。

科技教育尽管在一般语境中通常让人联想到学校教育,学校教育事实上也的确是科技教育的主体,但当代科技教育早已延伸到学校之外,拥有了一个包括多类型、多层次、多模式的校内外科技教育庞大体系,其中既有普及性的基础教育、技能型的职业教育和专业化的高等教育,也有在校内组织实施的正规教育和在校外实施的非正规教育。

科学技术正规教育通常指的是利用相对规范的组织形式,通过学校安排的科学课程及相关教学活动实施的科技教育,通常以有组织、有计划的方式进行,有较为严格的教学要求和教学规范,依托开设的科学课程和教师的讲授,组织学生学习预先设计好的科技内容,具有鲜明的集中化、系统化的特点。正规科技教育面向的对象是具有"学生"身份的社会成员,这类科技教育因而是促进学生群体(特别是青少年)了解科学知识、学习科学方法、提高探究能力的重要途径,也是提高学生群体科学素质的主要渠道,并在提升公民科学素质方面发挥着重要的作用。国内外公众科学素质的调查表明,国民科学素质水平与其所受正规教育的年限高度相关,受教育程度越高的公众具备科学素养的比例越高。

科学技术非正规教育通常指的是学校在规定的科学课程及教学活动之外或是由校外机构(如科学技术博物馆、社会化教育机构等)开展的各类科技教育活动。非正规教育通常不像正规教育那样严谨和系统,具有类型多样、形式各异、手段灵活的特点,可以依托学校的现有科技教育设施,也可以依托科技馆、博物馆、动物园、植物园等科普设施;可以采取课外兴趣小组、科学探究项目的形式,也可以由社会化教育机构以技能培训的方式来组织。非正规教育是对正规教育的有益补充和延伸,并具有独特的教育价值和优势。非正规科技教育往往在手段上更加灵活多样,在目标上更加关注受教育者的兴趣和需求,在提高科学兴趣、丰富科学知识、增长探究能力、提高科学素质等方面有重要作用,同样是提高公民科学素质的重要途径。国外相关研究发现,经常参加校外非正规科学活动与学生对待科学的态度、对学习科学的热爱程度、深入学习科学的愿望之间有明显的正相关。参与很多校外活动的学生由于有机会运用他们已有的知识,处理实际问题的能力也比那些没有太多非正规学习经历的学生要强很多。非正规教育通常更侧重启发式的教育方法,重视对学生兴趣和能力的培养,引导学生进行有趣的探究性学习,因而在提高学生学习兴趣、完善知识结构、促进认知发展等方面作用明显。繁荣发展各种层次的正规科技教育、开展各种形式的非正规科技教育、促进各种科普类教育活动与正规教育活动的紧密结合和互相补充,是推进科技传播与普及事业发展的重要手段,也是提高国民科学素养的重要基础。

2.设施传播:基于科普基础设施的科技传播与普及

科普基础设施(通常简称为"科普设施")是专门服务于科技传播与普及的设施,包括科学技术类博物馆(如科学技术馆、自然历史博物馆、科学中心、各类科学技术专业博物馆等)、科普教育基地(如水族馆、植物园、动物园、地质公园等)以及科普画廊、科普活动站等不同的类型。科普基础设施既是面向公众开展各种科技传播与普及活动的场所和设施,也是面向青少年开展各种科学技术非正规教育的重要平台,在科技传播与普及中扮演着重要角色,对公众科学素质建设也发挥着重要作用。

科技类博物馆是作为西方资本主义启蒙思想的产物而出现的,最早可以追溯到欧洲17—18世纪。自17世纪开始,为了推进对自然历史和科学现象的认识和研究,人们收集了许多动植物的标本和化石,并将这些标本、化石加以收藏、陈列,这种收藏和陈列活动在当时主要是为了研究的目的,并不对普通公众开放,但孕育了科学技术博物馆的雏形。到18世纪,欧洲的一些城市和大学相继建成了以收藏、陈列和展示这类藏品的博物馆,如1716年俄国在圣彼得堡建立了矿物学博物馆,1753年英国建成了伦敦大英博物馆(早期的大英博物馆一直重视收集自然历史标本),1794年法国在巴黎建立了法国国立自然博物馆等。科技类博物馆在20世纪50年代后已在世界许多发达国家得到相当程度的普及。许多博物馆由于拥有丰富多彩的展品、经常举办科学展览、开展各种有趣的科学活动而受到公众的欢迎,不仅成为公众获取知识、体验科学的重要场所,而且成为所在城市乃至所在国家的重要旅游目的地。目前,在西方发达国家,数量庞大的科技类博物馆也成为博物馆的一个重要分支,科技类博物馆文化也成为市民文化生活的重要组成部分。例如,美国现有各类博物馆 10000 余座,科技类博物馆占到 1/5;在英国 2000 多座博物馆中,科技类博物馆占到 1/4,英国政府不仅斥巨资建设科技类博物馆,而且每年划拨大量经费保证其运营,伦敦科学博物馆每年 85% 以上的经费支出来源于政府拨款。经过 20 世纪的迅猛发展,全球科技类博物馆不但数量急剧增加,而且类型也逐渐多样化,呈现出显著的多元化发展特征。其中,既有利用标本、化石、实物、模型或现代技术手段展示自然演化和科学现象的传统自然博物馆,也有展览展示科技发展和技术成就的科学技术博物馆;既有涉及科学与技术多个领域的综合科学技术馆,也有诸如天文馆、地质博物馆、航空博物馆这类具有鲜明学科专业特点的专业博物馆;还有以强调通过互动项目和公众参与、促进公众体验科学的各类科学中心。

科普设施的另一个重要类别是具有科学普及功能的科普教育基地或场所。例如,青少年科技活动中心、面向公众开放的高等学校实验室、可供公众参观的科研院所科研中心、公司企业的研发中心或生产车间以及地质公园、森林公园、自然保护区等。在我国,原国家科学技术委员会和中国科学院于 1996 年就确定了第一批对公众开放的科普教育基地,其中包括中国科学院物理研究所、化学研究所、植物研究所、古脊椎动物与古人类研究所、计算机研究中心等一批国家级科研基地。自 1999 年起,中国科学技术协会实施了科普教育基地认定和命名制度,先后制定了《全国科普教育基地认定办法》和《全国科普教育基地标准》等相关政策文件,首批认定并命名了 201 个"全国科普教育基地"。目前,全国范围内已经获得认定与命名的科普教育基地覆盖了现代农业、生物、气象、交通、航天、桥梁、水产、化学、冶金等许多学科和产业领域,包括学校、企业、科研院所、农林基地以及许多公园、自然保护区、动植物园和一些旅游景点。这些科普教育基地各自利用自身的特点和已有的设施,组织丰富多彩的科普活动,已成为开展科普教育活动的重要场所。通过科普教育基地的认定命名工作,不仅认定命名了一大批热心于科普工作的科普基地,而且对充分调动社会科普资源、推进科普工作社会化起到了重要的推动作用。

除科技类博物馆、科普教育基地外,我国还有第三类科普设施,即遍布城乡各地、活跃于城镇农村的科普画廊、科普活动室(站)以及流动性科普设施。科普画廊主要是建立在城市繁华地段或街道社区、利用科普挂图进行科普宣传的科普设施。科普活动室(站)主要是建设在城镇和农村地区,服务于开展群众性的科普活动。而流动性科普设施则包括科普大篷车、科普列车等形式,是根据我国科普工作国情,面向边远地区的科普需要,专门研发的一类有较强流动性的科普设施。科普大篷车由中国科学技术协会研制,拥有车载科技展品展览、科普展板宣传、科技影视片播放、流动科普宣传舞台等多项功能,具有机动性、灵活性的特点,可以用来举办科普展览、科普讲座、科普咨询活动,特别适合于面向边远地区的科普工作。自 2001 年投入使用以来,科普大篷车深受当地居民和公众的欢迎,被誉为"流动的科技馆"。"科普列车"是由中央精神文明办公室、原铁道部、中国科协等单位于 2002 年共同打造的一种流动科普设施,主要开往西部地区和边远地区,沿途举办科普展览、科普讲座、农业技术咨询、致富经验传授、医疗技术培训等活动,所到之处也广受欢迎。

3. 媒体传播:基于传播媒体的科技传播与普及

20 世纪是一个大众媒体繁荣发达的时代,大众媒体获得巨大发展,先是报纸、广播实现了普及,对社会政治生活和公众个人生活产生了巨大的影响。随后,电视进入千家万户,并成为公众社会生活的一部分。20 世纪 80 年代之后出现了基于计算机联网的互联网媒体,随着 90 年代中期之后的快速普及,它引领人类社会迈入了信息化时代。如今,大众媒体对整个社会的政治、经济、文化以及公众的学习、工作和生活都产生着广泛的影响,高度依赖传播媒体进行信息传播已成为当代社会运行的基本特征,接受传播媒体的"信息轰炸"也成为当代公众的一种生活方式。科学技术传播普及领域自然也受到媒体传播的强烈影响,无论是在科学技术知识的普及中,还是在科学技术话题的社会争议中,我们都可以看到传播媒体活跃的身影。依人们对传播媒体的基本认识,传播媒体可被区分为印刷媒体、广播媒体、影视媒体和网络媒体等基本类型。不同类型的传播媒体各有特点,拥有不同的优势和局限,在整个社会传播中扮演着不同的角色,共同构成了延及社会各个角落的传播媒体体系。

1)印刷媒体

以图书、期刊、报纸为代表的印刷媒体具有便携性和易存性的优点,读者一旦拥有就可以很好地保存下来,并随时阅读其中的信息内容。印刷媒体当然也有自身的缺陷,其制作和印刷需要一定的时间周期,这会影响传播的时效性,而且印刷媒体通常对读者的文化程度有一定的要求,读者需要具备相应的识字和阅读能力。在科技传播与普及领域,印刷媒体从来都承担着重要职责。例如,科学著作历来都是传播普及科学知识的重要载体,在保存、传承、普及科学知识方面发挥了重要作用,许多人就是因为阅读了某部科学著作,才被吸引到科学殿堂的。

科学图书成为普及科学文明的一种重要工具。哥白尼的《天体运行论》、维萨里的《人体的构造》曾引发了近代科学的革命,布鲁诺的《论无限、宇宙和诸世界》、伽利略的《关于托勒密和哥白尼两大世界体系的对话》传播了科学的思想,牛顿划时代的巨著《自然哲学的数学原理》引导人们迈进近代科学的世界。我国数学家华罗庚的《优选法平话》和《统筹法平话》使深奥的数学理论成为"千人万人的应用数学",在生产实践中发挥了重大作用,成为我国科普史上的创举和典范。当代物理学家史蒂芬·霍金所著的《时间简史》,虽然令有些学者怀疑并没有多少受众能够真正读懂,但它在全球超过1000万册的销量,让许多读过它的人知道了宇宙起源、大爆炸、黑洞、反物质,也让人了解了霍金这位充满传奇色彩的物理天才的科学精神及其独特的人格魅力。

科普期刊是科技传播与普及领域中另一类重要的印刷媒体,无论是在世界范围内,还是就我国而言,科普期刊都曾在传播与普及科学技术方面发挥过极其重要的作用。在世界发达国家,有许多影响甚广的科普期刊,如美国的《国家地理》《发现》《大众科学》等。其中,《国家地理》发行量超过800万份,《发现》和《大众科学》的发行量超过100万份。20世纪之初,我国就有一批科学前辈为了传播科学而创办了《科学》等一大批科普杂志,在传播现代科学知识和方法、宣传科学思想和精神、激发大众科学技术兴趣方面产生过广泛的影响。在20世纪80年代,《知识就是力量》《百科知识》《科学画报》《大众医学》《科学生活》《无线电》的发行量也超过100万份。直到目前,我国仍有各类科普期刊数百种,只不过由于多种原因,大部分科普期刊发行量不高。

报纸是印刷媒体中最具代表性、影响最为广泛的媒介。报纸传播周期短、速度快、信息密度大、范围广,既经济又实惠,因而成为公众接触频率最高的印刷媒体。就科技传播与普及而言,报纸媒体中既有像《科技日报》《中国科学报》这类综合性科技报纸,也有像《中国化工报》这类专业报纸,其他非科技类的报纸(如《人民日报》《光明日报》等)绝大多数也设有专门的科技板块或栏目,对科技内容的报道也在不断增加。报纸媒体的科技传播具有综合性的特点,内容包括科学技术的知识、方法、思想以及科学技术发展、政策等多个方面,是公众获取科学知识、了解科技发展的重要渠道。

2）广播媒体

广播媒体是利用通过无线电波或导线传送声音的传播媒体,其突出的优势是传播速度快,覆盖范围广,具有即时性的特点,甚至可以实现对突发性新闻事件的实时报道。由于使用声音和语言符号传播信息,广播媒体可以适应各种文化程度的听众,主持人还可以利用其独特的风格,形成类似于面对面交谈一样的吸引力和亲和力。特别是广播媒体可以利用音响效果与语音语调制造"高仿真"现场效果,形成极强的现场感和感染力。1938年10月30日晚,美国哥伦比亚广播公司播出的广播剧《火星人入侵地球》,就曾利用逼真效果使100多万人真的以为火星人从天而降,许多人陷入恐慌,甚至举家逃难。

广播媒体具有的这些独特优势曾使广播成为拥有独特魅力、影响广泛的传播媒体。但广播媒体的缺点也是显而易见的,声音的传播转瞬即逝,难以保存,而且听众只能顺序收听,无法选择。在科技传播与普及方面,广播媒体曾做出过重要贡献。我国中央人民广播电台从1949年就开始播发科普文章,广播曾是那个时代人们接收科技信息的重要渠道,特别是在广大农村、边远地区和经济不发达的地区,广播在传播农业生产知识、推广实用技术、宣传卫生与健康观念等方面发挥了特殊而重要的作用。随着电视媒体的不断普及,广播的作用近些年来有所减弱,但制作良好的科普节目仍然可以赢得大量听众,美国的《动态城超级乘务员》广播科普系列节目每周播出1次,有200万名儿童收听。广播媒体还有另外两个很重要的优势:一是接收广播信号的收音机成本低廉、携带方便;二是听众在收听广播节目时只使用听觉,并不妨碍他们同时做其他相对简单的事情。因此,在户外环境下,在流动场合中,广播媒体仍然可以发挥重要作用。

3）影视媒体

影视媒体是当代公众最常接触的媒体,也是对当代公众影响最大的媒体。影视媒体传播拥有许多优势。例如,可以利用语言、文字、声音、图像信号传送信息,具有视听兼备的特点,让受众同时接受不同符号的刺激,实现综合传送效果;可以借助声像手段动态表现事件场景,具有极强的现场感和真实感,甚至可以让观众身临其境、沉浸其中等。但影视媒体也有符号传送转瞬即逝、不易保存、难以选择等缺点。影视媒体包括电影和电视两种基本形态。在20世纪的科技传播与普及中,电影曾经发挥过重要作用,"科教电影"就是承担科技传播的一个电影类型。从 1920 年起,美国的一些影片公司和高等学校就开始制作教学影片,在学校内或社会上放映。我国的科教电影也有很长的历史。1920 年,上海商务印书馆创办国光影片公司,拍过一些无声电影,其中就有《养蚕》等科普教育片。新中国成立后,科教电影事业发展迅速,20 世纪 50—60 年代先后成立了许多科教电影制片厂,拍摄过许多优秀的科学教育、技术推广及科研纪录影片,在普及科学知识和农村实用技术方面发挥过重要作用。近些年来,科教电影开始让位于电视科普,但在科技传播与普及方面仍然占有一席之地。例如,原北京科学教育电影制片厂制作的《宇宙与人》就曾受到广泛好评,国外一些优秀的科教电影、科幻电影也经常吸引大量观众。

对当今社会影响最大的影视媒体是电视,无论是对社会政治、经济、文化,还是对科技传播与普及,电视的影响力都可谓首屈一指。我国关于公众获取科技信息渠道的调查表明,多年来,公众依靠电视获得科学技术信息的比例一直位居榜首。近些年,我国许多电视台都开设了专门的科教频道或科教栏目,科普节目也受到越来越多电视台的关注和重视,不少科教栏目受到观众的欢迎,特别是科学纪录片在近几年受到越来越多观众的喜爱。电视媒体正在利用自己的特有优势,成为科技传播与普及领域最受欢迎的传播媒体之一。

4)网络媒体

迄今为止的传播技术发展中,互联网可以说是最具革命性的技术成就,互联网为社会的信息传播打造了一种可以联通世界的全新平台,把人类传播推进到一个新的发展高度。无论是从对当代传播格局还是从对未来传播发展的影响看,我们都需要给予互联网以及基于互联网兴起的各种新媒体以特别的关注和重视。早在 1998 年,联合国新闻委员会就将其称为"第四媒体",认为互联网以超媒体方式组织信息、跨越时空、双向交互,使几乎所有的传统媒体都受到不同程度的挑战。互联网的发展与普及已经开始将人类传播带入网络传播时代,对科技传播与普及的发展也产生了巨大影响,推动了科技传播与普及的模式变革。传统媒体的信息传播是"以媒体为中心""以传播者为中心",媒体组织拥有控制权。网络传播实现了信息来源多元化、信息内容巨量化、信息传播互动化,传播组织特权被极大消解,"把关人"地位严重弱化,受众地位更加凸显。作为受众的网民不仅可以从不同网站自主选择信息,也可以成为信息发布者,参与传播过程,发表个人意见,甚至与传播者直接互动。基于互联网的传播实现了"多中心"的传播,建立了传播者和受众共同主导的传播新格局。

互联网的发展和普及同样给科技传播与普及提供了新渠道、新途径和新平台,并已经影响到科技传播与普及的各个方面,推动了当代科技传播与普及的发展。网络媒体的多媒体传播正在使科学技术知识传播变得更直观、更形象、更具艺术性,提高了科学技术传播普及的综合效果;大容量高速传播正在丰富着科技传播普及的内容,提高了传播的效率;互联网传播和移动通信的结合扩展了传播的范围,使公众获取知识信息更加方便快捷;互动性也使互联网发展成为公共论坛,促进了网民对科学议题讨论的参与;等等。"网络科普"正在成为快速发展的科技传播与普及新领域,并使科普成本大大降低。公众可以很方便地利用互联网阅读科学名著,到"虚拟科学馆"里参观,与科学家对话交流;科学家、科研机构、科普组织也都很方便地利用互联网发布信息、普及知识、与公众交流。网络的发展已经将许多可能变成了现实,在未来还会将更多的可能变成现实。

短视频在当代媒体环境中的兴起不仅是一种文化现象,更是媒体技术发展的重要标志。近年来,随着智能手机的普及和互联网技术的飞速发展,短视频应用已成为全球媒体消费的重要组成部分。短视频快节奏、碎片化的传播特点为科学传播提供了新的机遇。有数据表明,在社交媒体上,科普类视频内容中,观看次数较高的比例超过25%,这反映出公众对于科学内容的高度关注和兴趣。短视频也正成为科学传播的重要阵地,为科学家和教育者提供了一个展示研究成果和科普知识的平台,使得科学传播更加大众化,并将有望成为连接科学界和大众之间的一个重要桥梁,为公众科学素质的提升发挥关键作用。《中国网络视听发展研究报告(2023)》显示,短视频用户的人均单日使用时长为168分钟,遥遥领先于其他应用。数据还显示,随着用户对短视频平台的信任度提升,用户对平台内容的依赖性也在不断增加,特别是在观看科普内容方面。根据不记名调查,68%的用户表示他们非常信任短视频平台上的科普知识,72%的用户表示他们有过在短视频平台上学到科学知识的经历。这些数据表明,用户对短视频平台的信任度和依赖性不断提升,用户日均使用时长逐年增长,这为科学知识在短视频平台上的传播提供了更为广阔的空间和机遇。[1]

---

[1]何丹.短视频时代的科学传播策略研究[J].视听界,2024(2):87-90.

4.活动传播:基于公众科普活动的科技传播与普及

20世纪80年代以来,科学技术的传播与普及在世界范围内受到普遍重视,许多发达国家把科技传播议题纳入国家科技政策,并通过政府的政策、组织、资助和动员,吸引科研机构、专业组织、大众传媒、企业、大学参与科学传播与普及。政府部门、科技团体组织开展了诸如"科技日""科技节""科技活动周""科技活动月""科学年"等科技科普活动,国际组织也积极推进"国际海洋年""国际天文年""世界人口日""世界环境日""世界地球日"等科普宣传活动。类型多样的公众科普活动利用公众易于参与的各种形式与手段,吸引公众的关注和参与,成为科技传播与普及的另一个重要渠道。

1)大型公众科普活动

大型公众科普活动指的是各级政府部门、科技团体面向全国公众,或地方政府、科技团体面向本地居民,有组织、有计划地集中开展的群众性科普活动。这类科普活动通常固定在某个时间段、集中于某个主题,面向数量巨大的公众对象,通过组织科普展览、专家报告、科技讲座等系列活动,集中开展科学技术宣传、传播、普及。其中,最具影响力、最具代表性的是政府部门、学术团体出面组织举办、动员社会各界广泛参与的"科技节""科技周"这类科普活动。

"科技周"最早出现在日本,因其声势浩大、影响广泛而被越来越多的国家借鉴和采用。目前,许多科技发达国家以及印度、墨西哥等一些发展中国家都举办有这类科普活动。美国、英国等国家的一些综合性或专业性协会也很热心举办全国性的大型科普活动,如美国、英国科学促进会举办的科技节和化学学会举办的化学周,美国、加拿大、澳大利亚等国家的工程师协会举办有全国工程周等。许多国家的科技周活动都搞得有声有色,国家首脑或政要发信祝贺,科技名流和专家、学者发表演讲,科技团体、科普场馆举办专题活动,研究机构、大学相关实验室对公众开放;活动场所往往扩展至大学、中学和小学,研究机构,企业实验室,甚至是普通公众经常光顾的大型超市;活动项目和活动形式也异彩纷呈,有科普展览、科技讲座、影视放映、科技演示、科技集市、实验室开放等。

英国是世界近代科学的发源地,英国科学界历来重视科普活动。英国政府于1994年1月授权贸易和工业部科技办公室启动了公众理解科学、工程和技术计划。在该计划资助和支持的众多项目和活动中,规模最大、影响最广的就是每年3月份举办的为期10天的"全国科学、工程和技术周"。该活动由英国科学促进会组织协调,每年都会组织数百项甚至千余项活动,吸引数十万人参加。英国科学促进会除负责组织全国科技周外,还在9月举办科技节。科技节的活动形式同样丰富多彩,有公共科学讲座、发现发明展览、实验室开放、动手实验等。英国的政府部门还举办或资助了其他一些大型活动,如贸易和工业部举办的"工程成就年"(1997年)、教育技能部举办的"科学年"(2001—2002年)等。

在我国的大型科普活动中,影响最为广泛的当属科技部等部门联合举办的"科技活动周"和中国科协举办的"全国科普日"。"全国科普日"源于中国科协于2003年为纪念《科普法》颁布实施一周年而在全国范围内举办的科普活动。从2004年起,中国科协决定每年开展全国科普日活动,并于2005年将活动时间定在每年9月的第3个公休日,活动持续一周。近几年,全国科普日活动围绕"节约能源资源、保护生态环境、保障安全健康、促进创新创造"的主题,先后组织了保护生态环境、走近低碳生活、节约保护水资源、食品安全与公众健康等科普宣传活动,活动规模不断扩大,活动内容日益丰富。

除"科技活动周""全国科普日"这两项大型群众性科普活动外,我国政府各部门、地方政府、大型科研机构还经常举办其他一些规模较大的科普活动,例如"北京科技周"(北京市政府)、"公众科学日"(中国科学院)等。许多地方政府也都举办过"科技周""科技节""科技活动月""科技之春""科普之冬""科普之夏"等科普活动。我国历来还有以重大纪念日为契机开展主题科普活动的传统。例如,生态环境部及中国环境学会每年都以"世界环境日""世界地球日""国际生物多样性日"为契机,组织科学报告、科普展览、电视节目、知识竞赛等各种科普活动;国家卫生健康委员会及中华医学会、中华预防医学会、中国药学会等,每年都结合"联合国糖尿病日""世界爱眼日""高血压日""心脏病日"开展资料发放、义诊、讲座等科普宣传;中国气象局每年也都结合"世界气象日"组织开展气象日开放、气象科普展览、气象科普论坛、气象科普进社区等活动。

大型公众科普活动由于主题鲜明、内容丰富、社会各界广泛参与,往往声势浩大、影响广泛,不仅能吸引广大公众的热情参与,引导社会和公众对科学技术的关注,扩大科学技术的社会影响,对帮助公众获得科学技术知识、增强公众科技意识、激发公众科学热情起到良好作用,而且能搭建社会各界和全民参与的科普平台,形成一种有效的社会动员机制,成为活跃社会科普局面的一种重要手段,对带动科技教育、传播与普及活动的蓬勃开展,激发社会各方面支持和参与科普的积极性与主动性,在全社会内示范与引导新观念和新理念,起到推动作用,因而是当代科技传播与普及的一种重要形式。

2)形式多样的其他科普活动

除了上述这类大型公众科普活动,国内外还有许多由高等院校、科研院所、专业机构、科技团体、科普组织乃至城镇社区等组织举办的各种科普活动。这类科普活动形式多样、类型各异,甚至包括公园组织的科技游园会等。其影响范围虽然不及大型科普活动广泛,但在科技传播与普及方面同样起着非常重要的作用。例如,近些年来,全国各地广泛开展了面向农村的实用技术培训,"科技下乡"活动也在广大农村地区产生了广泛影响。作为我国政府推进的"三下乡"(文化下乡、科技下乡、卫生下乡)活动的重要组成部分,科技下乡包括科技人员下乡、科技信息下乡等内容,各地政府部门和科协组织动员广大科技工作者到农村地区开展农业科技普及,进行农业技术培训,为科技兴农做出了重要贡献。近些年来,学校里的各类科技兴趣小组活动非常活跃,社区里的各种健康卫生咨询受到欢迎,科技夏(冬)令营活动在全国各地蓬勃开展,科技场馆的科普讲座也丰富多彩。

从整个国际范围内的发展趋势看,科技传播与普及正在迈向多元化的发展方向,科技教育、传播、媒体传播、科普活动传播成为科技传播与普及的基本渠道。除了这些基本渠道,像人际交流这类渠道也一直在科技传播与普及中扮演着重要角色。渠道多样化已经成为推动当代科技传播与普及繁荣发展的重要因素,多种渠道相互配合也成为科技传播与普及事业发展的重要基础。在当代科学技术高速发展和广泛应用以及社会科技传播需求普遍增长的背景下,科技传播与普及事业发展、公民科学素质建设不可能依靠某种单一的渠道。就公众多样化的需求和提升素质的多方面要求而言,任何一种渠道都存在着这样或那样的局限和不足。因此,需要发展多样化的渠道,搞好各渠道的协同配合,构建高效运作的当代科技传播与普及体系,这样才能更好地满足社会和公众多样化的需求,促进科技传播服务实现公平普惠。

案例

近些年来,我国在围绕社会热点问题开展"热点科普"、结合突发事件开展"应急科普"等方面已取得了重要进展,收获了良好的科普教育效果。例如,以2008年北京举办奥运会和2010年上海举办世博会为契机,我国在全国范围内广泛开展了倡导低碳、健康、文明生活理念的主题科普宣传活动。2008年,汶川发生特大地震后,全社会范围内掀起了抗震救灾科普宣传活动的热潮。2010年,日本福岛核泄漏事故发生后,为消除公众的担心与恐慌,政府部门和科协系统也利用媒体报道、专家访谈、科普展览等各种手段,向公众广泛宣传相关知识。近年来,针对雨雪冰冻灾害、各种禽流感流行、食品安全等突发事件,政府有关部门都及时编印相关科普宣传资料,举办科普讲座和报告会,向公众普及相关科学技术知识。

三、科普所需技能与科普人才队伍建设

(一)科普所需技能

科普工作需要一系列综合性的技能,以确保科学知识的有效传播和理解。以下是一些科普工作中至关重要的技能。

1. 核心技能

1)科学知识基础

(1)专业知识掌握:科普工作者需要对所传播的科学领域有深入的了解和专业知识,包括科学原理、实验方法、最新研究成果等,以便能够准确、清晰地向公众传达科学概念和信息。

(2)持续学习与更新:科学领域发展迅速,科普工作者需保持持续学习的态度,及时更新自己的知识体系。

2)沟通与表达能力

(1)清晰阐述:将复杂的科学概念用简单易懂的语言进行解释,确保受众能够理解。

(2)引人入胜:通过有趣的故事、案例或实验来增强科普的趣味性和吸引力。

(3)倾听与反馈:积极倾听受众的疑问和反馈,根据受众的需求调整科普内容和方式。

3)媒介与工具运用

(1)多媒体制作:利用视频、动画、图表等多媒体手段,以更直观、生动的方式呈现科学知识。

(2)数字平台操作:熟悉社交媒体、科普网站等数字平台,用于发布。

4)批判性思维与评估

(1)辨别真伪:具备辨别科学信息真伪的能力,避免传播虚假或误导性的科普内容。

(2)效果评估:对科普活动的效果进行评估,了解受众的反馈和满意度,以便不断改进和优化科普策略。

2.其他重要技能

1)团队协作与领导力

(1)团队协作:与科学家、教育工作者、媒体工作者等合作,共同推动科普事业的发展。

(2)项目管理:在大型科普项目中担任负责人,协调各方资源,确保项目的顺利进行。

2)适应与创新能力

(1)适应变化:随着科学的发展和受众需求的变化,科普工作者需要具备快速适应的能力。

(2)创新方法:不断探索新的科普方法和手段,如虚拟现实、增强现实等,以提高科普的趣味性和互动性。

3)公众心理理解

(1)受众分析:了解不同受众群体的心理特征和需求,制订有针对性的科普策略。

(2)情感共鸣:通过情感共鸣的方式,增强受众对科普内容的接受度和认同感。

4)伦理与责任

(1)尊重科学:在科普过程中尊重科学事实,避免夸大或歪曲科学原理。

(2)社会责任:承担科普工作的社会责任,推动科学知识的普及,提高公众的科学素质。

综上所述,科普工作需要具备扎实的科学知识基础、优秀的沟通与表达能力、媒介与工具运用能力、批判性思维与评估能力,以及团队协作与领导力、适应与创新、公众心理理解、伦理与责任等其他重要技能。这些技能将有助于科普工作者更有效地传播科学知识,提高公众的科学素质。

(二)科普人才队伍建设

科技传播与普及事业的良好发展、科技传播与普及工作的有效开展离不开科普人才的强力支撑。拥有足够数量的科普人力资源,提高科普人力资源的质量,建设高水平的科普人才队伍,是科技传播与普及事业发展的基本保障。近年来,在科普工作的推动下,我国科普人才总量有了大幅增长,但相对于科普工作的快速发展以及社会日益增长的科普需求,目前我国科普人才队伍仍然存在着数量严重不足、整体水平亟待提高的问题,特别是在科普创作与设计、科普研究与开发、科普活动策划与组织,以及科普场馆、科普传媒、科普产业等领域缺乏高端人才。这已经成为制约我国科技传播与普及事业发展和公民科学素养建设的瓶颈。

1. 科普人才队伍的现状

1)人员规模

随着科普事业的日益发展,科技工作者作为科技创新的主力军和科技人力资源的组成部分,在科普工作中的作用也逐渐突出,成为科普人才队伍的重要力量。《关于新时代进一步加强科学技术普及工作的意见》明确了新时代加强科普工作的发展目标,"科研人员科普参与率显著提高"即为其中一个重要目标。现阶段,科普专职人员、兼职人员数量持续增长。根据科技部发布的数据,2023年全国科普专职人员、兼职人员共计215.63万人,比2022年增长7.99%。注册科普志愿者数量也大幅增加,2023年达到804.53万人,比2022年增长17.16%。

2)人员结构

科普人才队伍结构较为均衡,包括专职人员、兼职人员和志愿者等多种类型。中级职称及以上或大学本科及以上学历的科普人员数量不断增加,2023年达到134.99万人,比2022年增长10.11%。女性科普人员和农村科普人员数量也有所增长,分别占总人数的45.46%和一定比例(具体数据未直接给出,但呈现增长趋势)。

3)人员素质

科普人员队伍的整体素质不断提高,越来越多的科学家、科技工作者、科技志愿者等群体参与到科普工作中。科普人员的专业知识和技能不断提升,能够更好地满足公众对科普知识的需求。

2. 科普人才队伍建设的举措

1)政策支持

新修订的《科普法》正式公布施行,其中专门增设"科普人员"一章,提出"建立专业化科普工作人员队伍",凸显了对人才的重视。政府出台了一系列政策措施,鼓励和支持高校、科研院所、企业等开设科普能力提升课程,加强科普创作、科普研究、科普活动策划组织、科普产业开发等方面的高层次人才培养。

2)教育培训

高等院校和职业学校设置并完善科普相关学科和专业,培养科普专业人才。例如,南方科技大学等高校开展了全国科普师暨综合实践教育指导师培训项目。同时,加强科普人员的继续教育和培训,提高科普人员的科学文化素质和业务水平。

3)激励机制

政府和社会各界不断完善科普人员的评价、激励机制,鼓励相关单位建立符合科普特点的职称评定、绩效考核等评价制度。设立科普奖项和奖励基金,扩大国家科技奖励体系中科普成果的评奖比例和奖励范围。

4)社会实践

科普人员积极参与各类科普活动,如科普讲座、科普展览、科普竞赛等,推动科普知识的普及和传播。科普人员还通过线上线下的方式,利用新媒体平台开展科普工作,提高科普的覆盖面和影响力。

3.科普人才队伍建设的展望

1)加强顶层设计

政府将进一步加强科普人才队伍建设的顶层设计,制定和完善相关政策措施,推动科普人才队伍的持续健康发展。

2)扩大人才培养规模

依托高等学校、科研院所等扩大科普专业人才培养规模,鼓励支持大学生和研究生积极参与科普活动。

3)完善激励机制

进一步完善科普人员的评价、激励机制,为科普人员提供更多的职业发展机会和福利待遇。

4)推动科普产业发展

发展科普产业,鼓励兴办科普企业,促进科普与其他产业融合发展,构建政府、社会、市场等协同推进的科普发展格局。

综上所述,我国科普人才队伍建设在政策支持、教育培训、激励机制和社会实践等方面取得了显著成效,未来将继续加强顶层设计、扩大人才培养规模、完善激励机制和推动科普产业发展,为推动我国科普事业的持续健康发展提供有力的人才保障。

■ 拓展阅读

城市轨道交通安全知识科普活动

1. 背景介绍

随着我国城市轨道交通的快速发展,地铁、轻轨等已成为人们出行的重要选择。然而,城市轨道交通的特殊性,如高速、封闭、复杂的线路等特点,也使其安全性成为社会关注的焦点。为了提高广大乘客的城市轨道交通安全意识,减少安全事故的发生,某城市地铁公司联合市教育局、社区中心等机构,在全市范围内开展了城市轨道交通安全知识科普活动。

2. 活动目标

(1)提升公众对城市轨道交通安全知识的了解和认识。

(2)增强乘客的自我保护意识和能力,减少安全事故的发生。

(3)营造良好的城市轨道交通安全氛围,促进社会和谐稳定。

3. 活动内容

(1)城市轨道交通安全知识讲座。邀请城市轨道交通安全专家、工程师等专业人士,为公众讲解城市轨道交通的基本构造、运营原理、安全设施及使用方法等。

通过案例分析,让公众了解城市轨道交通安全事故的成因、危害及预防措施。

(2)城市轨道交通安全体验活动。在地铁站内设置安全体验区,让公众亲身体验城市轨道交通的安全设施,如紧急制动装置、消防器材等。组织模拟演练,如火灾逃生、紧急疏散等,提升公众的应急处理能力。

(3)城市轨道交通安全知识竞赛。通过线上线下的方式,举办城市轨道交通安全知识竞赛,吸引公众参与。竞赛内容涵盖城市轨道交通安全法规、安全常识、应急处置等方面。

(4)城市轨道交通安全宣传资料发放。制作轨道交通安全知识手册、海报、宣传单等宣传资料,向公众免费发放。利用地铁车厢内的宣传栏、电子屏幕等媒介,播放城市轨道交通安全警示片、宣传标语等。

4. 活动效果

（1）提升了公众的安全意识。通过科普活动,公众对城市轨道交通安全有了更深入的了解,安全意识得到显著提升。

（2）减少了安全事故的发生。活动开展后,城市轨道交通安全事故的发生率明显下降,公众的自我保护能力得到增强。

（3）营造了良好的安全氛围。科普活动增强了公众对城市轨道交通安全的信心,营造了良好的城市轨道交通安全氛围。

5. 科普活动启示

（1）科普活动应贴近公众需求。城市轨道交通安全知识科普活动应针对公众的需求和关注点,设计有趣、实用的活动内容,提高公众的参与度和满意度。

（2）科普活动应多元化。通过讲座、体验、竞赛等多种形式,让公众在轻松愉快的氛围中学习城市轨道交通安全知识,提升科普效果。

（3）科普活动应持续开展。城市轨道交通安全知识科普活动应作为一项长期工作,持续开展下去,形成长效机制,不断提升公众的安全意识和科学素养。

课堂反馈

1. 什么是科普?

2. 科普常见的传播渠道有哪些?

3. 从事科普工作需要具备哪些技能?

科普实践

1. 实践目标

（1）知识目标:学生能够准确阐述科普的概念、意义,清晰梳理科普的发展历程,熟悉常见的科普传播渠道。

（2）能力目标:通过实践,提升学生资料收集、整理与分析能力,锻炼口头表达、团队协作以及利用不同渠道进行科普创作与传播的能力。

（3）情感目标:激发学生对科普事业的兴趣与热情,增强学生参与科普工作的责任感和使命感。

2. 实践内容与要求

1）组建科普实践小组

学生分成 5~6 人一组，小组成员共同讨论确定一个感兴趣的科普主题，主题需符合科学性、趣味性和实用性原则，例如"人工智能的发展与应用""生活中的化学奥秘"等。

2）资料收集与分析

各小组围绕选定主题，通过图书馆书籍查阅、学术数据库检索、网络资源搜集等方式，收集与科普概念、意义、发展历程相关的资料，并整理出与主题相关的科普知识要点。要求每个小组至少收集 10 份不同类型的资料，包括文字、图片、视频等，并对资料进行分类整理和分析，提炼出有价值的信息。

3）科普创作

（1）科普文章撰写：根据收集的资料，撰写一篇 800~1000 字的科普文章，文章需运用通俗易懂的语言，结合实例和图片，将复杂的科普知识简单化、趣味化，体现科普的意义和价值。

（2）科普视频制作：利用视频编辑软件，制作一个 3~5 分钟的科普视频。视频内容要涵盖科普主题的相关知识，可采用动画、实景拍摄、讲解等多种形式，要求画面清晰、声音流畅、剪辑合理，选择合适的科普传播渠道进行发布。

（3）科普演讲准备：每位小组成员准备一个 2~3 分钟的科普演讲片段，演讲内容需围绕主题，突出重点，语言生动形象，富有感染力。

4）科普传播与互动

（1）各小组将科普文章发布到学校官方公众号、班级微信群等平台；将科普视频发布到抖音、B 站等视频平台。

（2）积极与观众互动，回复观众的留言和提问，收集观众对科普内容的反馈和建议。

3. 实践成果

（1）每个小组提交一份完整的科普实践报告，报告内容包括科普主题的选择原因、资料收集过程与分析结果、科普文章、科普视频的制作过程说明、科普演讲的脚本以及观众反馈与总结反思等。

（2）展示各小组的科普文章、科普视频和科普演讲视频。

（3）整理各小组在科普传播过程中获得的点赞数、评论数、转发数等数据，将其作为实践成果的一部分。

4.实践考核与评价

1）考核方式

考核方式见表1-1。

考核方式   表1-1

考核方式	考核内容	分数占比（%）
小组自评	小组根据实践过程和成果，按照评价标准进行自我评分	20
小组互评	小组之间互相观看科普视频、阅读科普文章、聆听科普演讲，按照评价标准进行打分，取平均分作为小组互评成绩	30
教师评价	教师根据各小组的实践报告、科普作品质量、团队协作表现、观众反馈等方面进行综合评价	50

2）实践考核细则

实践考核细则见表1-2。

实践考核细则   表1-2

评价指标	评价标准	分值（分）	得分（分）
科普知识准确性	科普内容科学准确，概念清晰，无错误或误导性信息	20	
科普形式创新性	科普文章、视频和演讲在表现形式上具有创新性，能够吸引观众的注意力	20	
团队协作能力	小组成员分工明确，合作默契，积极参与实践活动	15	
科普传播效果	科普作品在传播过程中获得的点赞数、评论数、转发数等数据良好，观众反馈积极	25	
实践报告质量	实践报告内容完整，逻辑清晰，总结反思深刻	20	
合计		100	

根据综合成绩，将学生的实践表现划分为优秀（90~100分）、良好（80~89分）、中等（70~79分）、及格（60~69分）、不及格（60分以下）五个等级，并给予相应的成绩评定和反馈。

模块二

科普作品赏析

📖 学习目标

1. 知识目标

(1) 了解科普作品的定义、特点及其在专业领域的应用。

(2) 掌握科普作品的结构和语言风格。

(3) 掌握科普作品设计的基本步骤和方法。

(4) 了解如何将轨道交通专业知识转化为通俗易懂的语言。

2. 能力目标

(1) 能够分析优秀科普作品的特点,并提炼其核心内容。

(2) 能够初步判断科普作品的科学性和通俗性。

(3) 能够设计一篇结构完整、内容科学的科普作品。

(4) 能够运用多种表达方式(如视频、动画和情景剧)增强作品的趣味性。

3. 素质目标

(1) 树立严谨细致的科学素养。

(2) 培养创新实践、团队协作的学习态度。

(3) 具备适应科技发展变化的自我学习能力。

■ 问题驱动

为啥高铁运行速度那么快却没有安全带?

现如今,外出旅游、出差乘坐安全、便捷、舒适的高铁,是越来越多国人的首选。相比发达国家,我国高铁建设虽然起步较晚,但无论是在技术上还是在运营里程上,都处于世界领先地位。

但是,很多人在乘坐高铁时,不禁会问:速度超过300km/h的高铁,为什么没有配备安全带呢?是单单我国高铁如此吗?答案当然是否定的,全世界的高铁都没有安全带。那么,速度如此之快、质量如此之大的高铁,为什么不配备安全带呢?没有安全带的高铁,安全有保障吗?

首先,我国高铁对列车的稳定性有着极其严格的要求和控制。从实际体验看,高铁启动时很稳定,如果乘客在聊天、闭目养神,没有留意到窗外风景的变化,有很大概率是不会感受到高铁的启动。此外,列车在高速行驶中,同样也是非常稳定的。有不少乘客都曾在速度超过350km/h的高铁上做过立硬币、立香烟、搭积木等稳定性测试。

之所以能做到这一点,首先一个重要原因是高铁的运转和行驶靠的是无砟轨道。无砟式轨道是当今世界最先进的轨道技术。无砟轨道采用混凝土、沥青混合料作为整体基础,能在最大程度上避免飞溅道砟,且平顺性好、稳定性高、使用寿命长,能支持速度高达 350km/h 的列车行驶。同时,无砟轨道本身较为平直,弯道半径很大,基本没有小弯道,这就能够保障列车能基本沿着直线前行,没有大的横向或是纵向振动。另外,由于高铁速度快,设计者会在时间和区间上进行科学精准的计划和控制,保证高铁列车不会出现紧急制动。因此,即便是在短时加速或是高速行驶中,乘客们也能在车厢里来回走动,不必采用安全带进行固定。

其次,高铁的稳定还得益于我国高铁的机车车身及座椅设计。与传统的机车相比,高铁机车车身设计更加现代化,更加富有科技感,这因为其采用的是流线形设计。将车头和车身从过去方方正正的大块头变成修长帅气的"子弹头",这不仅让高铁列车的颜值更高,更主要的是考虑到了不同的气动效应。当列车高速运行时,第一点要考虑的是阻力问题,当它的速度达到 350km/h、380km/h 时,最主要的是气动阻力,必须要考虑如何降低阻力。另外,高铁机车头型的设计和车的安全性相关,如果设计不好,会使列车漂浮,导致列车运行不安全。

另外,高铁列车上的座椅普遍采用的是"防撞"安全座椅,运用了人体工程学等原理,能够保证在发生碰撞时,座椅能迅速及时溃缩变形,有效保障乘客头部、腿部等重要部位不被卡住。这就能使乘客在事故发生后,可以在第一时间逃生。普通的安全带的一个重要作用是将乘客固定,防止其被甩出车厢。而对于车厢较大、车身和车窗坚固的高铁来讲,乘客被甩出车厢的概率非常低。因此,在"防撞"安全座椅的保护下,让乘客在碰撞发生后,能够在第一时间撤离才是高铁设计者的第一选择。欧洲铁路安全与标准委员会通过大量调查发现,在列车发生重大事故时,乘客被束缚在座椅上受伤的概率更大,主要是因为乘客被安全带束缚在座椅上,更容易受到车厢结构坍塌所造成的伤害,因为他们无法进行有效躲避。从这一角度看,高铁列车上使用安全带,已经是弊大于利。

(摘编自科普中国网,作者:吴海燕,2019 年 3 月 4 日,https://www.ke-puchina.cn/wiki/science/201903/t20190304_1024038.shtml)

《为啥高铁运行速度那么快却没有安全带?》是一篇生动有趣的科普文章,通过通俗易懂的语言和形象的生活类比,向读者揭示了高铁不设安全带背后的科学原理。文章从高铁的稳定性设计、安全防护理念和人体工程学等多个角度,深入浅出地解释了这一看似矛盾的现象。文章首先用"如履平地"的比喻,形象地描述了高铁无砟轨道和先进转向架系统带来的超强稳定性。接着通过对比飞机和汽车的安全设计理念,阐释了高铁"以防为主"的安全哲学。文中还巧妙地用"不倒翁"原理来解释座椅的防撞设计,让复杂的工程概念变得直观易懂。

通过这些生动有趣的解读,文章不仅解答了读者的疑惑,更展现了现代轨道交通系统设计的智慧,让普通读者对高铁的安全理念有了全新的认识。这种将专业知识和生活常识相结合的科普方式,既满足了读者的好奇心,又传播了科学思维方法。

引导问题:

1. 这篇文章为什么能吸引读者?

2. 它在语言和结构上有哪些特点?

◀ 理论导航

一、科普作品的定义与特点

(一)科普作品的定义

科普作品,全称为"科学普及作品",是一种以通俗易懂的语言向大众传播科学知识的文体。它旨在将复杂的科学原理、技术知识或自然现象转化为普通读者能够理解和接受的内容,从而提升公众的科学素养,激发他们对科学的兴趣。科普作品的形式多样,包括文章、图书、视频、动画、展览等,广泛应用于教育、媒体、公共宣传等领域。

科普作品不仅传播科学知识,还承担着培养公众科学思维和科学方法的重要任务。它通过简洁明了的语言和生动的实例,帮助读者理解科学现象背后的原理,引导读者运用科学的思维方式去分析和解决问题。同时,科普作品也关注科学精神的弘扬,鼓励读者追求真理、勇于探索,形成积极向上的科学态度。

(二)科普作品的特点

科普作品的核心特点在于其科学性与通俗性的结合,同时注重趣味性以吸引读者。以下是其主要特点。

1.科学性

科普作品的内容需通俗,其核心信息必须准确、严谨,符合科学原理。作者在创作过程中需要查阅权威资料,确保所传递的知识真实可靠。例如,在介绍轨道交通技术时,必须准确描述列车的动力系统、信号控制原理等,不能出现误导性的错误信息。科学性是科普作品的生命线,失去了科学性,作品就失去了传播价值。

2.通俗性

科学知识往往涉及复杂的理论和专业术语,但科普作品的目标读者是非专业人士,因此,需要用简洁明了的语言进行表达。作者应尽量避免使用晦涩难懂的专业术语,必要时可以通过比喻、类比、故事等方式将复杂概念形象化。例如,将地铁信号系统比作"红绿灯",可以帮助读者轻松理解其工作原理。通俗性使得科学知识能够被更多人接受和理解。

3.趣味性

趣味性是吸引读者关注的重要因素。科普作品不仅要传递知识,还要让读者在阅读过程中感到愉悦和有趣。作者可以通过生动的案例、有趣的图片、互动式的内容或幽默的语言来增强作品的吸引力。例如,在介绍高铁技术时,可以结合高速列车的速度测试故事,或者通过动画展示列车的运行原理。趣味性不仅能让读者更愿意阅读,还能加深他们对知识的记忆。

科普作品是科学与艺术的结合体,它既要保证内容的科学性和准确性,又要通过通俗易懂的语言和生动有趣的形式吸引读者。优秀的科普作品能够激发读者的好奇心,引导他们探索科学的奥秘,同时提升公众的科学素养。在轨道交通领域,科普作品可以成为连接专业知识与大众认知的桥梁,帮助更多人了解和支持轨道交通技术的发展。

4.教育性

科普作品不仅仅是传递知识,更重要的是培养读者的科学思维和探索精神。通过科普作品,读者可以学会如何提出问题、寻找答案,以及如何通过观察和实验来验证科学原理。这种教育性使得科普作品成为一种重要的科学教育资源。

5.时代性

科普作品的内容往往与当前的科技发展和社会热点紧密相联。随着科技的不断进步和社会的不断发展,新的科学知识和技术不断涌现,科普作品也需要不断更新和升级,以适应读者的需求和时代的变迁。

6.创新性

优秀的科普作品往往具有创新性,能够在传递科学知识的同时,提出新的观点、新的思路或新的解决方案。这种创新性不仅使得科普作品更具吸引力,还能够激发读者的创造力和想象力,推动科学的进步和发展。

案例 2-1

《地铁信号系统的奥秘》是一篇介绍地铁信号系统的科普文章。文章通过"红绿灯"类比信号系统的工作原理,让读者轻松理解复杂的城市轨道交通技术。

该文章通过生动的比喻和形象的描述,将原本晦涩难懂的技术细节转化为通俗易懂的语言,极大地降低了读者的理解门槛。同时,文章还结合了地铁信号系统的实际应用场景,让读者能够直观感受到信号系统在轨道交通中的重要性,进一步增强了读者的学习兴趣和探索欲望。此外,文章还注重与读者的互动,通过提问和解答的方式,引导读者主动思考,培养读者的科学思维和解决问题的能力。这些特点使得《地铁信号系统的奥秘》成为一篇优秀的科普作品,不仅传递了科学知识,还激发了读者的科学热情和探索精神。

二、科普作品的结构

科普作品的结构如同建造一座桥梁,需要清晰、稳固、引人入胜,才能将读者从"未知"的此岸顺利引向"已知"的彼岸。科普作品常见的结构要素如下。

(一)标题

科普作品的标题应简洁、吸引人,能概括文章的核心内容。

(1)简洁明了。标题应避免冗长复杂,力求用最精练的语言概括文章的核心内容,例如《神奇的 DNA:生命的密码》就比《关于 DNA 结构及其在遗传中的作用》更简洁有力。

(2)吸引眼球。可以运用比喻、拟人、设问等修辞手法,或使用数字、热点词汇等,增强标题的吸引力,例如《如果没有重力,我们的生活会怎样?》《5G 时代,你的生活将如何改变?》。

(3)概括核心。标题要准确反映文章主题,避免文不对题或过于宽泛,例如《宇宙的奥秘》就过于宽泛,而《黑洞:宇宙中的神秘吞噬者》则更具体明确。

同时,标题还应具有一定的新颖性,能够在众多科普作品中脱颖而出,激发读者的好奇心和探索欲。例如,《时间旅行者的指南:相对论浅释》这样的标题,既体现了文章的核心内容——相对论,又通过“时间旅行者”这一新颖的角度吸引了读者的注意力。此外,标题的语言风格应与目标读者群体相匹配,确保读者能够理解并产生共鸣。对于儿童科普作品,标题可以更加活泼生动,如《动物王国的大明星:熊猫》;而对于专业领域的科普作品,标题则应更加严谨准确,如《量子纠缠:物理学的新奇现象》。

(二)引言

科普作品的引言应提出问题或现象,激发读者的兴趣。

(1)设置悬念。可以从一个有趣的现象、故事或问题入手,引发读者的好奇心和求知欲,例如“你知道为什么天空是蓝色的吗?”“你相信吗? 我们的身体里住着数以万亿计的微生物!”。

(2)联系生活。将科学知识与日常生活联系起来,让读者感受到科学的趣味性和实用性,例如“你是否想过,为什么手机充电时会发热?”“你知道吗? 我们每天使用的 Wi-Fi 信号其实是一种电磁波”。

(3)明确主题。在引言部分简要介绍文章将要探讨的主题,为读者阅读正文做好铺垫。这样既能吸引读者的注意力,又能确保读者在阅读正文时能够迅速理解文章的核心内容。例如,在《为什么地铁列车不会相撞?》这篇科普作品中,引言部分可能以“地铁列车在繁忙的城市轨道上穿梭,却从未发生过碰撞事故,这背后隐藏着怎样的科学原理呢?”这样的问题作为开头,立即引发了读者的好奇心。接着,通过联系生活中的地铁乘坐经历,进一步阐述地铁列车安全运行的重要性,使读者对文章主题产生了浓厚的兴趣。最后,在引言的结尾部分简要介绍文章将要探讨的地铁列车防碰撞系统的工作原理,为读者阅读正文做好充分的铺垫。

(三)正文

科普作品的正文应循序渐进地阐述科学原理,并巧妙地结合实际案例或故事。

(1)逻辑清晰。按照由浅入深、由表及里的逻辑顺序,逐步深入讲解科学原理,避免出现跳跃式思维和过度堆砌专业术语的情况。

（2）通俗易懂。使用生动形象的语言、比喻、类比等方法，将复杂的科学原理转化为易于理解的知识，例如将电流比作水流，将 DNA 比作生命的设计蓝图。

（3）案例支撑。结合实际案例、历史故事、科学实验等，增强文章的说服力和趣味性，例如讲解牛顿定律时，可以结合苹果落地的故事；讲解基因编辑技术时，可以结合 CRISPR（规律间隔成簇短回文重复序列）技术的应用案例。

案例不仅能够让读者在阅读过程中产生共鸣，还能够加深他们对科学原理的理解和记忆。例如，在介绍电磁波的应用时，可以讲述 Wi-Fi 信号如何在日常生活中无处不在地为我们提供服务，从家庭网络连接到公共场所的热点覆盖，生动展现电磁波技术的便捷与重要性。同时，通过穿插一些科学家发现电磁波的历史小故事，如麦克斯韦预言电磁波存在到赫兹首次证实电磁波的实验，增加文章的趣味性和可读性，让读者在轻松愉快的氛围中学习科学知识。

同时，案例的选择应具有代表性和时代性，能够反映科学技术的最新进展和社会热点，从而激发读者对科学技术的兴趣和探索精神。在撰写正文时，还需注意段落之间的过渡和衔接，确保文章结构的紧凑和连贯。

（四）结论

科普作品的结论应总结核心内容，提出思考与展望。

（1）核心内容总结：以简洁明了的语言概括文章的核心要点与主要观点，这绝非易事。它要求作者在梳理复杂内容时，具备精准提炼的能力。例如，在一篇关于轨道交通科普的文章中，核心要点可能包含轨道交通线路是如何规划的。城市的地理布局、人口密度以及主要的出行热点区域，都成了规划线路的重要依据。像在一些大城市，地铁线路往往会围绕着商业中心、大型住宅区以及交通枢纽来敷设，以此满足大多数市民的出行需求。而且，不同类型的轨道交通，比如地铁、轻轨和高铁，各自有着独特的优势和适用场景。地铁适合在人口密集的城市中心区域运行，能够高效地疏散大量客流；轻轨则常用于连接城市的郊区和中心城区，造价相对较低且建设周期较短；高铁则以其高速、大运量的特点，承担起城市间长途快速运输的重任。

文章的主要观点或许是强调轨道交通在现代城市发展和区域连接中起到的关键作用。它不仅极大地改善了城市的交通拥堵状况，还带动了沿线区域的经济发展。比如一些原本偏远的地段,在轨道交通线路开通后,吸引了大量的投资,商业和居住项目纷纷落地,逐渐繁荣起来。通过这样简洁的概括,能帮助读者迅速回顾文章的关键信息,巩固理解并加深记忆,就像在脑海中重新搭建起文章的骨架,让各个部分的血肉得以依凭。

(2)引导思考:提出一些开放性问题,是激发读者深入思考的有效途径。当抛出"人工智能的进步将如何塑造我们的未来?"这个问题时,读者的思绪会被瞬间点燃。人工智能在当下已经渗透到生活的诸多方面,从智能语音助手到自动驾驶汽车。但未来呢? 它可能会极大地改变就业结构,一些重复性、规律性的工作将被智能机器取代,那么人类将如何重新定义工作的价值? 又如"面对气候变化的挑战,我们应采取哪些应对策略?"气候变化带来的冰川融化、海平面上升、极端气候事件频发等问题日益严峻。我们可以思考:从个人层面,如何改变生活习惯,减少碳排放;从政府层面,怎样制定更有力的环保政策;从国际合作层面,各国如何携手共同应对这一全球性危机。这些开放性问题就像一把把钥匙,开启读者思维的大门,让他们不再仅仅停留在文章表面,而是深入问题的本质去探寻答案。

(3)展望未来:对相关科学领域的发展趋势进行预测与展望,能极大地激发读者对科学的热情与探索精神。以"随着量子计算技术的不断突破,未来科技将迎来怎样的变革?"为例,量子计算具有远超传统计算机的运算速度,一旦取得重大突破,在密码学领域,现有的加密算法可能面临被轻易破解的风险,从而促使新的加密技术诞生;在药物研发方面,能够更快速准确地模拟药物分子与人体细胞的相互作用,加速新药的研发进程。而"在探索宇宙奥秘的征途上,人类还面临哪些未解之谜?"这一问题,让我们意识到宇宙的浩瀚无垠。暗物质和暗能量究竟是什么? 它们为何占据宇宙的绝大部分质量和能量,却难以被探测到? 人类能否找到外星生命,若能找到,将如何与之交流? 这些未知等待着人类去探索,激励着一代又一代的人投身科学研究,不断追寻宇宙的真相。

结论部分通过核心内容总结、引导思考以及展望未来,将文章的价值进一步升华,为读者开启新的知识与思考之旅。

因此,在构建科普作品时,作者应像一位精通科学与艺术的建筑师,不仅要确保结构的稳固与合理,还要追求形式的创新与美观。标题作为科普作品的"门面",其设计尤为重要。一个优秀的标题能够瞬间抓住读者的眼球,激发他们的阅读欲望。而引言部分则像是一座桥梁的引桥,它引导读者从日常生活的经验出发,逐步迈向科学知识的殿堂。

正文部分是科普作品的核心,它要求作者以深入浅出的方式将复杂的科学原理讲解得清晰明了。这不仅需要作者具备扎实的科学素养,还需要他们拥有将科学知识转化为通俗语言的能力。通过逻辑清晰的讲解、生动形象的比喻以及实际案例的支撑,作者能够将读者一步步带入科学的殿堂,让他们在其中畅游、探索。

结论部分则是对全文的总结与升华。它要求作者用简洁明了的语言概括文章的核心内容和主要观点,同时提出一些开放性的问题或对未来发展趋势的展望,以激发读者对科学的兴趣和探索欲望。这样的结论不仅能够帮助读者加深对文章内容的理解和记忆,还能够引导他们进行更深层次的思考和探索。

总之,科普作品的结构并非一成不变,可以根据不同的主题和读者群体进行灵活调整。但无论如何,清晰的结构、生动的语言、严谨的科学态度都是创作优秀科普作品的关键。

三、科普作品赏析要点

案例 2-2

《为什么地铁列车不会相撞?》作品赏析

《为什么地铁列车不会相撞?》是一部制作精良的轨道交通科普视频,通过三维动画与实景拍摄相结合的方式,生动形象地向观众揭示了地铁列车安全运行的奥秘。

1. 标题赏析

(1)直击痛点:"为什么地铁列车不会相撞?"这个标题直接点出了读者,尤其是那些经常乘坐地铁的乘客心中最大的疑问和担忧,具有很强的吸引力。它触及了人们在日常出行中最为关心的安全问题,让人不禁想要深入阅读,以解答心中的疑惑。

(2)简洁明了:标题没有使用任何修饰语,而是用最简洁的语言直击问题核心,让读者一目了然。这种直接而简洁的表达方式,不仅节省了读者的时间,也使得信息传达更为高效,让读者能够迅速抓住文章的重点。

(3)引发好奇:即使是对地铁信号系统有一定了解的读者,也会被这个标题吸引,想要一探究竟,了解其中的奥秘。标题所蕴含的深层含义,激发了读者的好奇心,促使他们继续阅读,以满足对知识的渴望和对技术细节的探索。

同时,该标题体现了科普作品应有的严谨性和科学性,让读者在好奇心的驱使下,能够更加专注地阅读正文内容,寻找答案。这样的标题设计无疑为整篇科普作品的成功打下了坚实的基础。

2. 引言赏析

(1)场景代入:引言部分可以描绘地铁高峰期的场景,如"早高峰的地铁站,人潮涌动,列车一辆接一辆地进站,乘客们行色匆匆……",将读者带入熟悉的场景,引发共鸣。不仅成功地吸引了读者的注意力,还巧妙地构建了科普作品的叙事框架。通过场景代入,读者能够迅速进入状态,仿佛亲身经历了地铁高峰期的繁忙。

(2)提出问题:在场景描述之后,可以自然地引出问题,像一把钥匙打开了读者心中的疑惑之门;最后的主题引出,既是对问题的回应,也是对接下来内容的预告,让读者对接下来的内容充满期待。这样的引言无疑为科普作品的正文部分奠定了良好的阅读基础。例如"你是否想过,在如此密集的运行状态下,地铁列车是如何保持安全距离,避免相撞的呢?"

(3)引出主题:最后,可以简要介绍视频将要解答的问题,如"本视频将为你揭秘地铁信号系统的奥秘,带你了解地铁列车安全运行的背后功臣"。

3. 正文赏析

(1)逻辑清晰:正文部分可以按照"提出问题—分析问题—解决问题"的逻辑顺序,逐步展开对地铁信号系统的讲解。

(2)提出问题:可以简要介绍地铁列车运行的特点和挑战,例如高密度、高速度、高安全性要求等,引出信号系统的重要性。

(3)分析问题:可以详细介绍信号系统的组成部分,例如列车自动控制系统、轨道电路、联锁系统等,并解释它们各自的功能和工作原理。

(4)解决问题:可以通过动画演示,模拟地铁列车在信号系统控制下的运行过程,直观地展示信号系统如何确保列车之间的安全距离,避免相撞。

(5)通俗易懂:在讲解专业概念时,可以使用生动形象的语言、比喻、类比等方法,例如将信号系统比作"指挥官",将轨道电路比作"感应器",将列车自动控制系统比作"司机",帮助读者更好地理解。

（6）动画演示：动画演示是科普视频的一大优势，可以将复杂的信号系统工作原理直观、形象地展示出来，例如用不同颜色的光带表示信号灯、用移动的列车模型展示列车运行过程、用动态的箭头表示信号传输等。

4. 结论赏析

（1）总结提炼：在对信号系统的重要性进行总结时，我们可以用简洁而富有表现力的语言来概括其核心作用。例如，我们可以形象地描述地铁信号系统为"一位看不见的指挥官"，这样的比喻不仅生动而且深刻，它时刻保障着列车的安全运行，确保了成千上万乘客的出行安全，为我们的日常出行提供了坚实的保障。

（2）展望未来：在展望未来地铁信号系统的发展趋势时，我们可以基于当前科技的快速发展和创新趋势，对未来进行合理的预测和展望。例如，我们可以充满信心地展望说："随着科技的不断进步，特别是人工智能、物联网和大数据分析等技术的融合应用，地铁信号系统将会变得更加智能化、自动化。这不仅将极大地提高运营效率，还将为乘客提供更加安全、便捷、舒适的出行体验。未来的地铁信号系统将能够实时响应各种复杂情况，确保列车运行的精准和高效，从而为城市交通的可持续发展做出更大的贡献。"

5. 总结

《为什么地铁列车不会相撞？》这部科普视频通过简洁明了的标题、引人入胜的引言、逻辑清晰的正文和发人深省的结论，将复杂的地铁信号系统工作原理生动形象地呈现给观众，不仅解答了读者心中的疑问，也普及了地铁安全知识，提升了公众对地铁安全运行的信心。视频内容的呈现方式既专业又易于理解，使得对地铁技术一无所知的普通观众也能够轻松掌握相关知识。这种科普方式有效地填补了公众对地铁技术认知的空白，同时为地铁安全教育提供了新的传播途径。

建议：可以增加一些互动环节，如设置问答环节、弹幕互动等，增强观众的参与感。可以结合虚拟现实、增强现实等技术，为观众带来更加沉浸式的观看体验。可以制作系列科普视频，从不同角度介绍地铁的相关知识，例如地铁的构造原理、安全保障、未来发展趋势等。此外，还可以考虑与教育机构合作，将这些视频作为教学资源，帮助学生更好地理解科学原理和工程技术。通过这些方式,不仅能够进一步提高公众对地铁安全的关注度,还能够激发更多人对科学和技术的兴趣,从而为社会培养出更多具有科学素养的公民。

此外,还可以考虑在科普视频中穿插一些趣味性的动画或小实验,以更加直观和生动的方式展示地铁信号系统的工作原理,进一步提高观众的观看兴趣和理解程度。通过这些方法,我们可以不断提升科普作品的吸引力和影响力,为普及科学知识、提高公众科学素养做出更大的贡献。

案例 2-3

《高铁的前世今生》作品赏析

《高铁的前世今生》由中国南车发布,为中国首部高铁动画宣传片。视频由中国南车企业文化部负责人徐厚广策划,采用幽默的语言和好玩的画面,向观众介绍了高铁的发展历程及相关知识。

1. 标题赏析

(1)简洁明了:"高铁的前世今生"这一标题,以短短六个字直接而清晰地揭示了视频的核心主题,即对高铁发展历程的深入探讨和展示。

(2)吸引眼球:使用"前世今生"这一充满历史感和故事性的词汇,不仅赋予了视频内容一种时间的纵深感,而且极大地激发了潜在观众的好奇心,驱使他们想要深入了解高铁背后的故事。

(3)概括核心:标题"高铁的前世今生"不仅准确地概括了视频内容的核心,而且巧妙地从历史的维度出发,讲述了高铁从起源到发展,再到未来趋势的完整故事,为观众提供了一个全面了解高铁的视角。

2. 引言赏析

(1)设置悬念:在视频的开头部分,通过展示一幅幅高铁飞驰在广阔平原和穿越隧道的画面,配合解说词:"从蒸汽机车到高铁,人类的出行方式经历了翻天覆地的变化……",这种视觉与听觉的双重冲击,能够迅速吸引观众的注意力,并引发他们对高铁发展历程的好奇心。

(2)联系生活:在视频中,可以巧妙地结合观众日常乘坐高铁的经历,例如通过提出问题"你是否还记得第一次乘坐高铁的感受? 那种速度与平稳的完美结合,是否让你对现代交通工具产生了全新的认识?"

这样的提问方式,不仅能够拉近与观众的距离,还能够唤起他们对高铁出行的个人记忆和情感共鸣。

(3)明确主题:在引言部分,简要而明确地介绍视频将要探讨的主题,例如"本视频将带你穿越时空,了解高铁的前世今生,感受科技带来的速度与激情。我们将一起探索高铁如何从一个梦想变成现实,它如何改变了我们的生活,以及它在未来交通中的潜在角色。"通过这样的介绍,观众能够清晰地知道视频内容的主旨,从而更加期待接下来的精彩内容。

3.正文赏析

(1)逻辑清晰:在视频正文中,内容的展开遵循了时间的先后顺序,从早期的蒸汽机车开始,逐步过渡到内燃机车,再到后来的电力机车,最终聚焦于现代的高铁技术。这样的叙述方式使得观众能够清晰地看到高铁技术是如何一步步发展起来的,从而对高铁的发展历程有一个直观而连贯的认识。

(2)通俗易懂:为了让复杂的科技原理更加容易被大众理解,视频采用了生动形象的语言和比喻,辅以动画演示等直观的教学手段。例如,将高铁的牵引系统比喻为人体的"心脏",强调其在高铁运行中的核心作用;将高速铁路轨道比作"跑道",形象地说明了轨道对于高铁高速运行的重要性。这些生动的比喻和动画演示极大地降低了理解难度,使得观众即便没有专业的技术背景,也能够轻松掌握相关知识。

(3)案例支撑:视频内容不仅仅停留在理论的阐述上,还结合了丰富的实际案例、历史故事以及科学实验等,以此来增强视频的说服力和趣味性。例如,通过介绍日本的新干线和法国的 TGV 等世界著名的高速铁路系统,观众可以直观地感受到不同国家在高铁技术上的成就和特色。同时,视频还详细讲述了中国高铁从最初引进国外技术,到后来通过自主创新,逐步发展成为世界领先的高铁技术强国的历程。这些案例不仅为观众提供了丰富的知识,也激发了他们对高铁技术发展背后故事的兴趣。

4.结论赏析

(1)总结提炼:通过使用简洁明了的语言,我们能够对视频所传达的核心信息进行一个精练的概括。例如,可以这样表述:"从蒸汽机车到高铁,人类的出行方式经历了翻天覆地的变化。高铁的出现不仅极大地缩短了城市间的距离,而且深刻地改变了人们的生活方式和日常习惯。"

(2)引发思考:在视频内容的基础上,我们可以提出一些具有启发性的问题,以此激发观众进行更深层次的思考和讨论。例如,可以这样提问:"未来高铁将会如何发展,它会达到什么样的速度和效率?"或者"随着高铁技术的不断进步,它将如何进一步影响我们的社会结构和生活方式?"

(3)展望未来:在对当前高铁技术进行总结之后,我们可以对它未来的发展趋势进行一个前瞻性的展望。例如,可以这样描述:"展望未来,随着科技的不断进步和创新,高铁将会变得更加智能化、便捷化和绿色化。这将为人类的出行带来更多的便利,同时将推动可持续发展的进程,为环境保护和资源节约作出贡献。"

5. 总结

动画视频《高铁的前世今生》通过其简洁明了的标题、引人入胜的引言、逻辑清晰的正文以及发人深省的结论,将高铁的发展历程以一种生动形象的方式呈现给了观众。这部作品不仅普及了关于高铁的基础知识,还成功地激发了观众对于科技发展进程的兴趣和深入思考。它以一种易于理解的形式,让观众能够更好地了解高铁技术的演进过程和它在现代社会中所扮演的重要角色。

课堂反馈

1.为什么科普作品需要兼顾科学性和通俗性?

2.你最喜欢的一篇科普作品是什么?它的语言和结构有什么特点?

3.在设计科普作品时,如何平衡科学性和趣味性?

4.你认为哪种表达方式(视频、动画、情景剧)最适合轨道交通科普作品?请陈述其原因。

科普实践

1. 实践目标

(1)提升科普作品解析能力。

(2)强化科学信息鉴别能力。

2.实践内容与要求

1）作品选择

（1）文章类：分析逻辑框架，如《地铁自动驾驶技术解析》中的技术分层说明与案例佐证。

（2）动画类：拆解视觉化表达，如《高铁动力原理》中三维模型与动态演示的运用。

（3）短视频类：评估信息密度，如《地铁安检机工作原理》如何平衡时长与知识完整性。

2）赏析维度（表2-1）

赏析维度　　　　　　　　　　　　　　　　　　　　表2-1

维度	分析要点
科学性	数据来源是否权威？术语解释是否准确？
通俗性	是否用类比/可视化降低理解难度？
创新性	是否采用 AR、互动问答等新形式？

请同学们根据赏析要求，确定本组的科普主题，从主题中分析两类作品（如文章 VS 动画），从科学性、传播效率等维度提交优缺点报告，并对作品进行纠错练习，提供含隐性错误的科普片段（如错误数据、片面结论），要求参与者指出并修正。

3.实践成果

（1）作品分析报告：选取同一主题的不同形式科普作品（如文章与动画），从科学性、传播效率等维度撰写评估报告。

（2）设计评估量化表：包含"数据来源""结论严谨性"等指标，提高科普作品赏析能力。

4.实践考核与评价

实践考核细则见表2-2。

实践考核细则　　　　　　　　　　　　　　　　　　表2-2

评价指标	评价标准	分值（分）	得分（分）
作品分析报告（50%）	媒介对比分析	20	
	创意表现	10	

续上表

评价指标	评价标准	分值(分)	得分(分)
作品分析报告 （50%）	案例支撑	10	
	传播效果评价	10	
赏析科普作品 科学评估量化表 （50%）	科学准确、重点突出	10	
	主次分明、详简得当	10	
	层次清楚、合乎逻辑	10	
	受众互动量	10	
	纠错率	10	
合计		100	

模块三

科普作品创作与实践

📖 学习目标

1. 知识目标

(1)掌握科普作品创作的原则与特点。

(2)掌握科普作品创作的流程与要求。

(3)熟悉科普作品创作的方法与技巧。

2. 能力目标

(1)能发现身边的科学现象和问题,为创作提供素材。

(2)能根据创作需要分析、筛选、整合有价值的科普信息。

(3)能熟练选用科学合适的方法进行科普创作。

(4)能运用文字、图片、视频等多种表达方式增强作品质量。

(5)能根据目标受众调整表达方式,提升作品的吸引力。

3. 素养目标

(1)秉持求真、质疑、创新的科学态度,避免误导公众。

(2)融合科学与文化、历史等学科知识,提升作品的文化内涵。

(3)具备敏锐的观察力,关注科普对社会的影响,传播正能量。

(4)创作和实践中展现良好的社会责任感和团队合作精神。

(5)保持学习热情,持续提升科普作品创作的专业水平。

▉ 问题驱动

高温贪凉,小心"冷中暑"乘虚而入

进入7月,热浪席卷南北,空调加冷饮便成为无数人的"续命神器"。然而,医疗专家特别提醒:高温时过度贪凉,小心"冷中暑"乘虚而入。

乍听到"冷中暑"一词,不少人肯定会疑惑:中暑不都是因为高温吗?

江苏大学附属徐州医院急诊科主任王飞解释,"冷中暑"并非医学标准术语,其本质仍是中暑,是人体散热机制在剧烈温度变化下失效或紊乱的结果。"医学上,中暑分为热痉挛、热衰竭和热射病,主要原因是人体产热大于散热,导致核心体温升高。"

体温调节系统就像是人体的"智能管家"。在高温下,人体血管扩张,汗腺也会全力散热。突然进入极冷环境或猛灌冷饮时,应激反应会让血管从极度扩张状态急剧收缩,减少通过皮肤的血流散热;突然的寒冷刺激还可能导致汗腺功能紊乱,削弱皮肤的蒸发散热能力。如果此时人体产热未减少,

48

体温可能持续上升,导致"中暑"加重。

"'冷中暑'初期多表现为头晕、头痛、乏力、恶心、呕吐等症状,寒冷刺激下还可能出现鼻塞、流涕等感冒症状。"王飞说,严重时体温会超过40℃,并伴有皮肤灼热干燥或冷汗淋漓、心跳加速等症状,甚至出现意识模糊、昏迷。

在高温天气下,有几类人群尤其需要警惕"冷中暑"。婴幼儿体温调节系统发育不完善,老年人身体机能衰退,二者体温调节能力较弱,容易"冷中暑";心血管疾病、糖尿病、肥胖及长期患病群体,因身体应对环境压力能力下降,也容易"中招";户外劳动者、运动员等高强度工作者,持续产热多,进入低温环境时体温急剧下降,"冷中暑"风险会显著增加。

"快速剧烈的温度转换下,这几类人群如果出现厌食、恶心呕吐等症状,可能就是冷刺激导致中枢调节功能失调,进而引发的消化功能紊乱。"浙江大学医学院附属第二医院消化内科副主任医师许志朋说。

"冷中暑"多发生在冷热交替间,人们很难及时察觉。不过,预防"冷中暑"并不难。

专家建议,外出归来,别急着开空调,先休息片刻再调节室内温度,设置在26℃左右为宜,不要让空调风直吹身体。饮用冷饮要适量,最好等身体自然降温后,小口慢饮常温或微凉的饮品,生姜红糖水或姜汤对"冷中暑"有较好的防治效果,可适量饮用。此外,适当进行体育锻炼,增强身体对温度变化的适应能力也很重要。

万一不幸"冷中暑",该怎么办呢?

王飞说,如果症状较轻,可以先离开低温环境,到通风良好、温度稍高的地方休息,多喝温水,用热毛巾擦拭身体,帮助身体恢复体温调节功能。"如果症状持续不缓解,甚至出现高热、意识模糊等严重情况,务必及时就医。"

(摘自《科普时报》,作者:陈杰,2025年7月)

《高温贪凉,小心"冷中暑"乘虚而入》是一篇介绍"冷中暑"的科普文章。文章开头先引入正题:"进入7月,热浪席卷南北,空调加冷饮便成为无数人的'续命神器'。"然后引用江苏大学附属徐州医院急诊科主任王飞的解释,阐述"冷中暑"的形成原因。接着详细介绍了"冷中暑"的初期表现,并提醒在高温天气下,尤其需要警惕"冷中暑"的人群类型。然后结合日常生活习惯,提出预防"冷中暑"的做法。最后给出了"冷中暑"的应对措施。文章对我们正确应对"冷中暑"有着积极作用。

引导问题:

1.这篇文章的选题有哪些特点?

2.这篇文章的写作有哪些特点?

◢ **理论导航**

一、科普作品创作的原则与特点

(一)科普作品创作的原则

1.科学性原则

科普作品创作的科学性原则是科普创作的核心原则之一,它要求科普作品必须以科学事实为基础,确保内容的真实性、准确性和可靠性。科学性原则是科普作品区别于其他类型作品的根本特征,也是科普作品赢得公众信任的关键。具体内涵和实践要求包括以下几个方面。

(1)内容的真实性与准确性。科普作品的内容必须建立在已被科学界广泛认可的事实、理论和数据之上,创作者需对内容进行严格审核、科学解读,避免断章取义或误导性分析,确保没有科学错误或误导性信息,不能传播未经证实的假设或伪科学。对于可能随时间变化的科学知识,应注明其时效性,避免传播过时、错误信息。

(2)科学概念的清晰表达。在进行科普作品创作时,对科学概念、原理或技术的描述必须准确无误,不能模糊或曲解。需要通俗化表达时,不能为了追求易懂而过度简化科学内容,导致信息失真。此外,必须区分事实与观点,明确区分科学事实与科学家的个人观点或推测,避免混淆。

(3)科学方法的准确体现。科普作品应体现科学研究的思维方式,如观察、实验、推理、验证等,帮助受众理解科学知识。同时,还应展示科学发现的过程,让受众了解科学知识的来源和依据。此外,鼓励受众对科学问题保持怀疑和探索的态度,培养独立思考的能力。对于科学界尚未达成共识的问题,应客观呈现不同观点,引导受众理性分析,避免片面或偏颇。

(4)科学前沿的谨慎传播。科普作品应关注科学前沿的最新发现和技术进展,但需谨慎传播尚未被充分验证的研究成果。对前沿科学的报道应避免夸大其词或过度解读,防止引发公众误解或恐慌。而对于尚未完全明确的科学问题,应明确说明其不确定性和研究局限性。

2.趣味性原则

科普作品创作的趣味性原则是指在保证科学性和准确性的前提下,通过生动、有趣的方式吸引受众的注意力,激发他们对科学的兴趣和好奇心。趣味性原则是科普作品成功的关键之一,它能够使复杂的科学知识变得易于理解和接受,同时增强受众的参与感和体验感。具体内涵和实践方法如下。

(1)故事化叙述。将科学知识融入故事情节中,通过人物、事件、冲突等元素吸引受众的注意力。例如,在作品前部分讲述科学发现的历史背景或科学家的生平故事,让受众感受到科学的人文魅力。在作品中注重情节设计,通过设置悬念、冲突或转折点增强故事的吸引力。

(2)幽默与轻松的表达。在科普作品中加入诙谐、幽默元素,让受众在轻松愉快的氛围中学习科学知识。使用轻松、活泼的语言风格,避免过于严肃或枯燥的表达。结合受众特点,通过有趣的类比或比喻,将抽象的科学概念形象化,增强受众的理解和记忆。

(3)视觉化与多媒体设计。结合文字、图片、视频、音频等多种媒介形式,丰富科普作品的表现力。例如,使用生动的图片、插图或漫画直观展示科学现象或原理;通过动态的视频或动画展示科学过程的细节,增强视觉冲击力;使用简洁明了的信息图表呈现复杂的数据或概念,帮助受众快速理解。

(4)注重互动性与参与感。在科普作品中,增加提问、讨论或互动环节,设计虚拟角色(如作业人员、科学家、探险家、机器人等),置于特定的场景中(如车站、太空、深海、实验室等),激发受众的思考和参与。或者设计简单的科学实验、游戏机制或 DIY 活动,让受众亲自动手体验科学,增强趣味性和参与感。

3.实用性原则

科普作品创作的实用性原则是指科普作品应注重科学知识的实际应用价值,帮助受众解决生活中的问题或满足实际需求。实用性原则强调科普作品不仅要传递科学知识,还要让受众感受到科学对生活的直接帮助和意义。具体内涵和实践方法如下。

(1)明确受众需求。在创作科普作品前,应深入了解受众的需求和兴趣点,有针对性地设计如何应用科学知识解决具体问题,如健康、环保、安全、技术使用等。尤其需要注意的是要通过真实案例或实用技巧,如展示心肺复苏急救知识等,引导受众感受科学的实际价值。

(2)提供实用信息。科普作品应提供具有实际应用价值的知识和信息,以生活中发生的现象或问题为切入点,根据不同受众的知识水平和需求,提供不同层次的内容,如初学者指南、进阶技巧、精通手册等,展示科学解决社会问题的积极作用,帮助受众解决实际问题。

(3)注重可操作性。科普作品应提供易于理解和实施的操作步骤或建议,注明注意事项或安全提示,确保受众能够安全操作,如家庭实验、DIY项目、健康建议等,推荐并介绍实用的工具、软件、网站或书籍,帮助受众进一步学习和实践,使受众能够将所学知识应用于实际生活中。

(4)预测科学的实际应用。结合案例介绍科学技术在实际生活中的应用,如人工智能、新能源技术、医疗技术等,展示最新的科技产品或发明,帮助受众了解科技如何改变生活,并根据科技发展趋势,不断优化调整内容,展望未来可能的应用场景,激发受众的兴趣。

4.创新性原则

科普作品创作的创新性原则是指科普创作应突破传统模式,通过新颖的内容、形式、技术或视角,赋予科学传播更强的吸引力和时代感。创新不是盲目追求新奇,而是基于科学内核的创造性表达。创新性原则不仅能够激发受众的兴趣,还能够推动科普作品适应快速变化的传播环境和公众需求。核心内涵与实践路径如下。

(1)内容创新。选择前沿、热门选题,聚焦科技前沿领域(如量子计算、信息传输、人工智能等),或挖掘经典科学问题的新视角,将科学知识与人文、艺术、社会热点结合,如"科学与艺术对话""科幻与现实交织"。打破"知识灌输"模式,采用问题驱动、悬念引导或开放式结局,激发受众主动探索。

(2)形式与媒介创新。借助新技术,科普作品在形式、媒介和传播模式上实现跨越式创新。例如 NASA 推出《火星2020》VR 体验,用户可"驾驶"毅力号火星车实时观察火星地貌;通过 AR 眼镜观察病毒结构或细胞分裂过程,动态标注关键生物分子(如 DNA 聚合酶)。在《人体探秘》VR 应用中,用户"进入"血管,跟随红细胞运输氧气,直观理解血液循环系统等。

（3）表达方式创新。创新叙事结构,采用第一人称或第三人称的故事化叙事方式,或者见证式叙述,将科学知识融入生动的故事情节中。使用简洁明了、易于理解的语言,避免过多使用专业术语,增强读者的理解力。同时,利用图表、插图、视频、动画等元素,直观展示科学数据和结构原理,使读者能够更清晰地理解科学知识。

（4）视角与角色创新。可用非人类视角叙事,例如以动物、植物或者微观粒子(如病毒、光子)的"第一视角"讲述科学故事,通过拟人化手法让抽象概念"活起来"。同时,多元角色共同参与,邀请科学家、艺术家、普通公众等人员共同创作,让受众成为内容共创者,提供不同的视角。

（二）科普作品创作的特点

1.科学性与准确性

青少年科普作品创作必须基于科学事实,引用论据必须权威、可靠,确保内容的真实性和准确性,避免误导受众。

2.通俗性与易懂性

要将复杂的科学概念、原理或技术用通俗的语言表达出来,尽量少使用专业术语,必要时需对术语进行解释,使非专业受众也能理解。

3.趣味性与吸引力

通过讲故事的方式吸引受众,将科学知识融入情节中,增强作品的趣味性。通过图片、图表、漫画、视频等视觉元素,增强作品的吸引力和表现力。

4.多样化的表现形式

合理选用科普表现形式,例如适合深度阅读和思考的科普文章、书籍、博客等文字类作品,适合直观表达科学现象的科普漫画、插图、摄影等视觉类作品,适合动态展示和互动的科普视频、动画、播客等多媒体类作品,适合增强受众的参与感和体验感的科普实验、游戏、展览等互动类作品。

5.受众导向

明确目标受众,针对不同受众群体,采用不同的传播策略和语言风格。根据受众需求调整内容和表达方式、创作方向。

6.创新性与时代性

关注最新的科学发现和技术进展,将科学知识与当前社会热点问题结合,保持内容的新鲜感。利用新技术或新媒介进行创作。

7.教育性与启发性

不仅要向受众传递科学知识,帮助他们用科学知识解决生活中的问题,还要培养其科学思维、批判性思维和探索精神,激发受众对科学的兴趣,鼓励他们进一步探索。

8.伦理与社会责任

科普作品应关注科学对社会、环境、伦理等方面的影响,传递积极、健康的科学价值观,引导受众理性思考,不夸大、不歪曲科学事实,避免引发恐慌或误解。

9.跨学科融合

在科普作品中融入多学科知识,将科学知识与历史、文化、艺术等人文领域结合,丰富作品的内涵,展现科学的综合性和多样性。

10.持续性与长期性

优秀的科普作品应具有长期的教育意义和传播价值,而不仅仅是短期热点,并且随着科学技术的不断发展,科普作品需要不断更新内容,保持其科学性和时效性。

二、科普作品创作的流程与要求

科普作品创作的流程如图 3-1 所示。

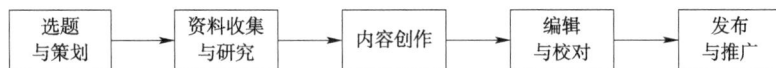

图 3-1 科普作品创作的流程图

(一)选题与策划

科普创作者需要确定作品的主题。这个主题应该是创作者感兴趣并且有一定了解的领域,同时具有一定的新颖性和吸引力,能够引起读者的兴趣。例如结合环保主题活动,推出主旨鲜明的科普短视频、幻灯片、海报、宣传手册等相关作品。

环保相关主题的创作内容思维导图如图 3-2 所示。

1.选择科普主题

(1)受众兴趣。了解创作目标受众是谁,他们的年龄、背景、兴趣点是什么,选择与受众日常生活紧密相关或能引起他们好奇心的主题。

(2)时效性与热点。结合当前的时事政治、科技趋势、社会热点或重大科学事件来选择主题。例如,人工智能、气候变化、太空探索、疫情防控等都是近年来备受关注的热点话题。

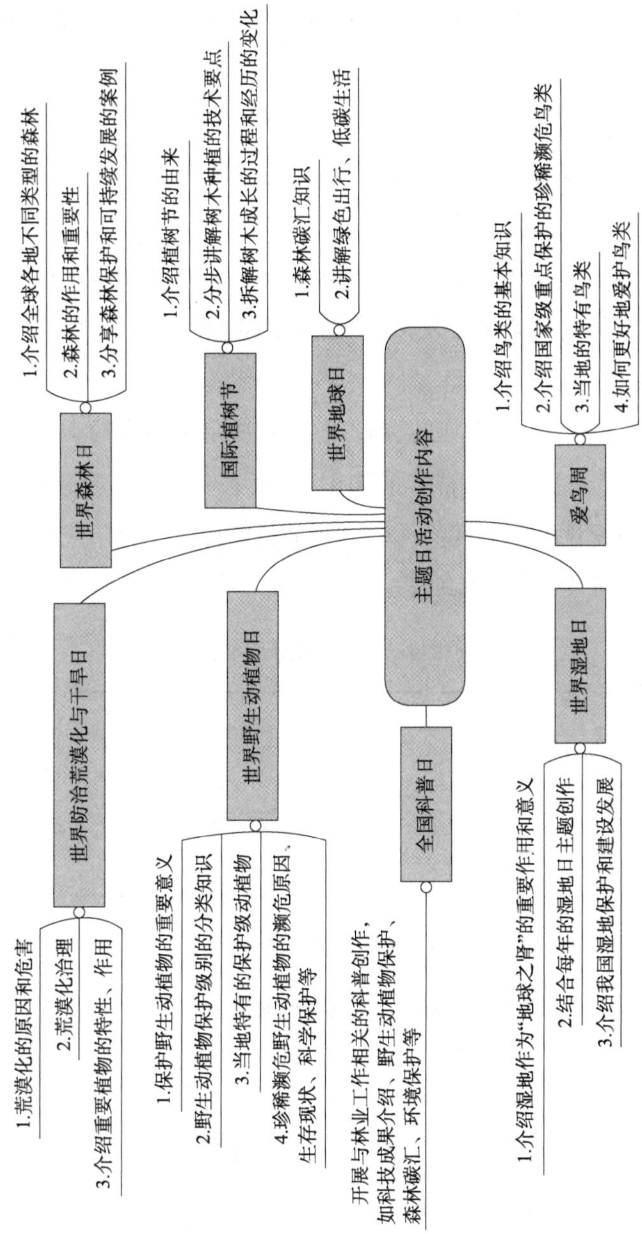

图3-2 环保相关主题的创作内容思维导图①

世界森林日
1.介绍全球各地不同类型的森林
2.森林的作用和重要性
3.分享森林保护和可持续发展的案例

国际植树节
1.介绍植树节的由来
2.分步讲解树木种植的技术要点
3.拆解树木成长的过程和经历的变化

世界地球日
1.森林碳汇知识
2.讲解绿色出行、低碳生活

爱鸟周
1.介绍鸟类的基本知识
2.介绍国家级重点保护的珍稀濒危鸟类
3.当地的特有鸟类
4.如何更好地爱护鸟类

主题日活动创作内容

世界防治荒漠化与干旱日
1.荒漠化的原因和危害
2.荒漠化治理
3.介绍重要植物的特性、作用

世界野生动植物日
1.保护野生动植物的重要意义
2.野生动植物保护级别的分类知识
3.当地特有的保护级动植物
4.珍稀濒危野生动植物的濒危原因、生存现状、科学保护等

全国科普日
开展与林业工作相关的科普创作,如科技成果介绍、野生动植物保护、森林碳汇、环境保护等

世界湿地日
1.介绍湿地作为"地球之肾"的重要作用和意义
2.结合每年的湿地日主题创作
3.介绍我国湿地保护和建设发展

①刘晓蔚,黄丽芸,杨丽萍,等.科普创作与传播策略[J].科技视界,2024,14(5):22-26.

（3）教育价值。确保所选主题具有教育意义,能够提升受众的科学素养或解决实际生活中的问题。选择那些能够传授基础知识、科学方法或科学思维的主题。

（4）内容的可获取性与准确性。确保能有可靠的资源来获取准确的信息和数据,避免选择过于专业或难以验证的主题。

（5）多样性与包容性。考虑主题的多样性,涵盖不同的科学领域,如物理、化学、生物、地球科学等。同时,也要关注主题的包容性,确保内容对受众是友好和易于理解的。

（6）创新性与趣味性。尝试寻找新颖、有趣的角度来呈现科学内容,使用故事化、游戏化或互动化的方式来增强科普的吸引力。

2. 目标受众分析

目标受众分析是科普创作的核心环节,它决定了内容的表达方式、传播渠道与互动设计。不同受众群体的知识水平、兴趣点与信息接收习惯差异显著,需通过系统性分析实现"千人千面"的科学传播。

（1）知识水平分层(认知维度),见表3-1。

科普创作目标受众知识水平分层表   表3-1

层级	特征	适配策略
小白型	无专业背景,需从零构建知识框架	避免术语,多用类比(如 DNA 是生命的设计图)
兴趣型	有基础科学常识,渴望深入	引入科学史、争议话题(如量子力学多世界解释)
专业型	相关领域从业者或学生	侧重前沿进展、方法论

（2）年龄与教育阶段(生命周期维度),见表3-2。

科普创作目标受众年龄与教育阶段分段表   表3-2

群体	认知特征	内容设计要点
儿童(6～12岁)	具象思维主导,注意力集中时间短	游戏化互动(如 AR 恐龙卡片)、拟人化叙事
青少年(13～18岁)	批判思维萌芽,追求炫酷	结合流行文化(如科幻电影科学解析)、社交分享激励
成年人(19～60岁)	实用导向,时间碎片化	生活场景切入(如健康科普)、短视频＋长文组合
老年人(60岁以上)	信息验证需求强,媒介习惯传统	大字版图文、社区讲座＋手册发放

（3）兴趣与动机(心理维度),见表3-3。

科普创作目标受众兴趣与动机分类表　　　　表 3-3

类型	行为特征	内容触发点
实用驱动型	寻求问题解决方案	三步教你识别伪科学
好奇心驱动型	渴望新知与脑洞	如果地球停止自转会发生什么?
社交资本型	分享获取认同	朋友圈转疯了的 10 个冷知识
焦虑缓解型	消除不确定性	核辐射防护终极指南

3.作品创作目标

(1)科学传播目标。①知识传递:将复杂的科学知识转化为大众可理解的表述(如量子计算基础原理)。②前沿普及:解读最新科研成果(如 2023 年室温超导材料研究进展)。③科学思维培养:训练受众的逻辑推理、批判性思维(如如何识别伪科学陷阱)。

(2)教育目标。①填补知识盲区:针对特定群体设计内容(如青少年航天知识启蒙)。②终身学习支持:构建阶梯式内容体系(如"从零开始学基因编辑"系列)。③实践能力提升:通过实验、工具使用指南增强动手能力(如家庭水质检测教程)。

(3)社会影响目标。①公共议题引导:理性探讨争议话题(如核能安全、AI伦理)。②科学文化培育:传播科学精神与价值观(如求真务实、开放包容)。③政策科普衔接:为决策提供科学依据(如碳中和路径的技术经济分析)。

(4)传播效能目标。①扩大受众覆盖:通过多平台分发触达不同群体(如抖音短视频 + 微信公众号长文)。②增强参与互动:设计问答、实验打卡等机制提升用户黏性。③塑造品牌 IP:打造系列化内容(如物种日历、科学史话),形成长期影响力。

(二)资料收集与研究

在确定主题后,创作者需要通过多种途径收集相关资料。这些资料可以来自书籍、杂志、报纸、网站等出版物,也可以通过采访专家、学者或者相关领域的从业者获得。收集的资料应该全面、准确,能够支撑起整个科普作品的内容。

创作者需要对收集到的资料进行整理和分析,筛选出有用的信息,并进行分类和归纳。可以使用思维导图、表格等工具来帮助整理资料,以便在后续的创作过程中能够高效地利用这些资料。

1.科学文献的查找与阅读

1)文献初筛:5 分钟判断文献价值

(1)读标题与摘要:是否符合选题方向(如"新冠疫苗有效性"而非"疫

苗生产工艺"),研究结论是否清晰(避免模糊表述,如"可能相关""有待进一步研究")。

(2)看作者与机构:通信作者是否领域权威,机构是否具备实验条件。

2)文献中筛:30分钟评估科学质量

对照创作需要,对于有一定参考价值的文献再进行方法论审查,见表3-4。

科普文献研究类型及可信度指标   表3-4

研究类型	可信度指标
实验研究	样本量、对照组设置、盲法使用
观察性研究	混杂因素控制、统计方法合理性
综述论文	文献覆盖全面性、利益冲突声明

另外,还要对文献的数据进行可视化检验,主要体现在文献图表是否清晰标注、原始数据公开性等方面。

3)文献精筛:1小时深度验证

(1)进行交叉验证:对比3篇以上同类研究结论是否一致,检查预印本与正式发表版本的差异等方面。

(2)利益冲突排查:例如研究基金来源是否涉及相关企业(如烟草公司资助的肺癌研究、日本的核污染水排海研究、韩国对于中国传统节日的申遗研究需谨慎引用)。

2.专家访谈与咨询

这里的专家类型包括领域权威、一线研究者、跨界学者、行业工程师等。专家的专家筛选标准遵照以下三点:一是科学可信度高,近几年发表过相关领域的论文或者专利。二是有合作、指导的意愿:可通过电话、信件等方式预沟通,判断专家是否持有开放态度,乐于提供咨询帮助。三是有清晰的思维逻辑和表达技巧:能够说清楚作品创作中的有关问题,有媒体采访经历者优先(避免"术语轰炸")。

3.数据的收集与整理

1)数据的收集

(1)需要根据科普的主题和受众,明确收集目标,从而确定需要收集的数据类型和范围。

(2)做到多渠道收集,可以通过查阅相关领域的书籍、期刊、论文等文献资料,获取权威和准确的数据。或者利用搜索引擎、专业网站、数据库等网络资源,获取最新的研究成果和数据。对于某些需要实际数据支持的科普内容,也可以通过实地考察、动手实验等方式获取数据。

(3)要注重数据的及时性和广泛性。科普作品需要反映最新的科学成果和动态,因此数据的收集要具有及时性。同时,为了增强科普作品的可信度和说服力,数据的收集要尽可能广泛,涵盖多个来源和方面。

2)数据的整理

首先,对收集到的数据进行筛选和清洗,去除重复、错误或无效的数据。其次,根据科普作品的需要,将数据进行分类整理,如按时间顺序、主题分类等。最后,利用图表、图像等可视化工具,将数据以直观、易理解的方式呈现出来。这有助于受众更好地理解科普内容,提高科普作品的传播效果。在整理数据的过程中,要对数据的准确性和可靠性进行验证,可以通过查阅权威资料、咨询专家等方式进行确认。

(三)内容创作

根据整理好的资料,创作者需要确定科普作品的结构。一般来说,科普作品可以采用总分总的结构——首先介绍主题的背景和重要性,其次分别阐述各个方面的内容,最后进行总结和展望。这样的结构有助于读者更好地理解和吸收科普知识。在确定结构后,创作者可以开始撰写初稿,初稿应该尽量详细地阐述各个方面的内容。

1.文字写作技巧

1)明确受众定位

根据受众的不同,使用适合他们的词汇、句子结构和表达方式。例如,对儿童和青少年,语言应更加生动、形象;对专业人士,则可能需要更精确、深入的专业术语。

2)行文逻辑清晰

确保文章的结构清晰,有明确的开头、主体和结尾。每个段落或章节都要有一个明确的主题或要点,并围绕它展开,段落之间应有逻辑联系,让读者能够顺畅地跟随创作者的思路。语言要简洁明了,避免使用过于复杂的词汇和句子。

3)多用比喻和类比

通过比喻和类比,将复杂的科学概念转化为读者易于理解的形式。同时增加文章的趣味性,吸引读者的注意力。

4)提供实例和案例

通过具体的实例和案例来阐释科学原理或现象,使抽象的概念更加生动、具体,还能帮助读者更好地理解和记忆。

5)使用图表和插图

适当的图表和插图能够直观地展示数据、流程或结构,帮助读者更好地理解文章内容,并且图文并茂能够增加文章的视觉吸引力,提高读者的阅读体验。

2.视觉设计与制作

科普视觉设计是科学与美学的融合,需将抽象概念转化为直观、易懂且具有感染力的视觉语言。具体流程如下。

1)确定主题与目标受众

根据科普作品的主题和目标受众,确定视觉设计的风格和语言。例如,针对儿童和青少年的科普作品,应采用更加生动、活泼的设计风格。

2)收集与整理素材

收集与主题相关的图片、图表、动画等素材,并进行整理和分类。确保素材的准确性和版权合法性。

3)设计草图与布局

根据收集到的素材和主题要求,绘制设计草图,确定各个元素的布局和呈现方式。在设计过程中,注重色彩搭配、字体选择和排版布局等细节。

4)制作与调整

利用专业的设计软件或工具,将设计草图转化为数字化的视觉作品。在制作过程中,不断调整和优化各个元素的位置、大小和色彩等属性,确保整体效果的协调性和美观性。

5)审核与反馈

完成视觉作品后,邀请科研人员、设计师和公众代表进行审核和反馈。根据反馈意见进行修改和完善,确保作品的科学性和准确性。

3.多媒体制作技术

1)软件工具的选择

制作多媒体科普作品需要选择适合的软件工具,如 Adobe Flash、Adobe After Effects、剪映、爱剪辑等,这些软件提供了丰富的功能和效果,可以帮助制作人员实现各种创意。

2）素材的准备

制作多媒体科普作品需要收集相关的文字、图片、音频、视频等素材,可以通过互联网、图书馆等途径获取。素材的选择应确保科学性、准确性和版权合法性。

3）脚本的编写与故事的构思

脚本是多媒体科普作品制作的基础,需要确保内容的逻辑性和连贯性。故事的构思应注重趣味性和引人入胜,以吸引观众的注意力。

4）制作与编辑

根据脚本和故事构思,将素材进行剪辑、配音、配乐等处理,制作出一部完整的多媒体科普作品。在制作过程中,需要注重细节的处理和整体效果的协调。

（四）编辑与校对

内容创作完成后,创作者需要进行编辑和校对。这一步主要是检查作品中是否存在科学事实上的错误或者伦理规范上的问题。如果发现有问题,需要及时进行修正。确保作品在发布前达到最佳状态。

1. 编辑阶段

1）内容审核

撰写完初稿后,创作者需要进行多次修改和完善。可以请他人帮忙审阅,提出修改意见。同时,自己也需要反复阅读和修改,确定所有科学信息、数据和结论都是基于可靠的研究和证据,检查作品的逻辑结构是否清晰、段落之间是否衔接自然,并根据目标受众的知识水平,调整内容的深度和语言风格,确保作品的内容准确、清晰、流畅。

2）结构调整

优化标题,确保标题简洁明了,富有吸引力,并能准确反映文章主题。将长段落拆分为短段落,每个段落围绕一个中心思想展开。使用小标题来区分不同部分的内容,提高文章的可读性。

3）作品润色

用通俗易懂的语言表达科学概念,避免使用过于专业或复杂的术语。通过比喻、举例、故事叙述等方法增加文章的趣味性,提高读者的阅读兴趣。排除作品中的文字、图片和动画等方面的错误。

4）图片与插图

根据文章内容选择合适的图片或插图,帮助读者更好地理解科学概念,并为图片提供简洁明了的说明,确保读者能够准确理解图片所传达的信息。

2.校对阶段

1)初校

检查文章中的错别字、语法错误和标点符号使用不当等问题。检查文章的格式是否符合出版要求,包括字体、字号、行距等。

2)二校

再次确认文章中的科学信息、数据和结论是否准确无误。再次检查文章的逻辑结构是否清晰,段落之间是否衔接自然。

3)终校

检查文章中的细节问题,如人名、地名、机构名等是否准确无误。根据出版要求调整文章的版面布局,确保整体美观大方。

4)清样校对

在清样阶段进行最终确认,确保所有修改都已正确实施,没有遗漏或错误。编辑和校对人员需要在清样上签字确认,以示对作品质量的负责。

(五)发布与推广

设计排版完成后,创作者可以选择合适的渠道进行发布与推广。

1.科普作品的发布

1)选择合适的发布平台

(1)专业期刊和报刊:医学类如《家庭医学》《健康导报》等,铁道运输类如《中国铁路》《中国铁道科学》等,具有较高的学术权威性和广泛的读者基础。

(2)在线平台:医学类如丁香园、好大夫在线等,拥有大量的医务工作者和健康领域的专家;铁道类如人民铁道、铁道知识局等,行业影响大,互动量高。

(3)社交媒体平台:如微博、微信公众号、知乎、抖音等,传播速度快,覆盖面广,能迅速吸引大量读者。

(4)科普网站或论坛:如科普中国、果壳网等,拥有大量科普爱好者和专家。

2)了解平台规则与投稿流程

不同的平台对科普文章的投稿要求各不相同,需要提前了解平台的审稿流程和周期,以便合理安排时间。按照平台的要求提交作品,并密切关注审稿进度和读者反馈。

2. 科普作品的推广

1) 优化搜索引擎排名

通过合理关键字应用与内容合理布局,使文章更容易被搜索引擎查找和推荐。

科学合理的内链外部引入也有利于提升优化排名,提升文章中的能见度。

2) 利用多种媒介进行推广

(1) 创建社交媒体账号,定期发布科普内容,融合热门话题和标签,吸引更多人关心和交流。

(2) 加入相关行业的社交媒体群聊或社区论坛,与其他科普爱好者交流心得,并分享自己的文章。

(3) 积极参加各类科普展览、讲座等活动,展示创作的科普作品。

3) 与知名专家或专业人士协作

邀请权威专家给予专业意见或评论,提升科普文章的权威性和真实度。通过权威专家在自己的社交媒体上分享文章,吸引更多读者和关注度。

4) 与其他科普媒体合作

与知名科普互联网平台、博客或杂志期刊展开合作,给予原创设计或独家代理内容。通过互相推荐和分享文章,将科普作品推荐给更多潜在读者。

5) 转授权其他媒体或网站转载

与媒体或网站达成转载协议,提高文章内容的知名度,建立个人的科普专家品牌形象,使科普文章被更广泛地传播。

6) 持续优化和更新

根据读者的反馈和平台的建议,持续优化科普作品的质量和形式。及时跟进专业领域的最新研究成果和创新实践,更新科普内容,保持其时效性和科学性。

三、科普作品创作的方法与技巧

(一) 科普作品创作的方法

季卜枚先生在《怎样写科普文章》一书中说:"科普创作是用创造性的劳动,普及科学知识、技能及先进的科学思想、科学方法。其中,主要的是在

'科'和'普'两个字上,'科'指科学性,是科普创作的立足点。'普'是普及性,是科普创作的着眼点。"①

科普作品创作并无定法,但不同创作者创作的作品在写作方法上还是有一定的差异。从以往科普名家写作方法中至少可以归纳出以下方法:五步式法、问答式法、简要阐述式法、逻辑推理式法等。

1.五步式法

科普作家徐传宏经过多年的探索总结,提出了科普写作五步法——"读、析、仿、积、创",这是较为系统并深受广大科普创作者认可的方法。具体可归纳为以下几个方面。②

1)读

"读"是指阅读,不断拓展知识面。在信息爆炸的今天,"读"的本质是构建个人化知识筛选系统。真正的"博览群书"不再是简单的数量累积,而是构建个人认知增强系统——将教科书的基础性、科普读物的启发性、学术文献的前沿性、艺术文本的创造性融会贯通,促进知识的全面应用和创新。

将阅读积累转化为创作源泉,是科普创作的不二法门。唐代大诗人杜甫曾写道:"读书破万卷,下笔如有神"。近代教育家叶圣陶先生也说:"阅读是吸收,写作是倾吐,倾吐能否合乎于法度,显然与吸收有密切的联系"。"诗圣"杜甫与叶圣陶先生的论述跨越千年时空,形成了关于阅读与写作关系的双重奏鸣,从不同维度诠释了读写互动的深层机理。近代建筑学家梁思成先后踏遍中国十五省二百多个县,测绘和拍摄了两千多件唐、宋、辽、金、元、明、清各代保留下来的古建筑遗物,他将这些重大考察结果写成文章在国外发表,引起国际上对这些文物的重视,为梁思成日后注释《营造法式》和编写《中国建筑史》打下了坚实基础。

"读"又可以分为"粗读"和"精读"两种。"粗读"是快速阅读和浏览,掌握文章的内容与框架,结构与布局。在科普写作中,"粗读"可以帮助初学者广泛浏览和快速阅读科普名家的作品,吸取写作经验,领悟写作技巧,从而在广度上对科普写作有粗略的了解。而"精读"是认真阅读整篇文章,了解文章主题和具体内容,圈画出好词、好句,分析文章的要素,思考文章所传达的道理和启示。"精读"有助于更深入地理解文章,掌握科普创作理论和写作技法。

---

① 季卜枚.怎样写科普文章[M].武汉:湖北科技出版社,1986:7.
② 徐传宏.科普创作的前奏:科普写作五步法[J].科技视界,2011(10):34-38.

阅读也不再局限于传统的纸质书籍。如今,人们获取信息和知识的方式变得更加多元化,视频、动画等多媒体形式也成了重要的"阅读"材料。以视频为例,其具备的直观、生动的特点,能够吸引大量用户,通过视频,人们可以以视觉和听觉相结合的方式,使复杂的知识更易于理解。

阅读时最好带着问题读。在阅读前要设定目标,明确自己想要获取什么信息,避免盲目浏览;在阅读中要多提问题、善于总结,对阅读内容进行思考和分析,不轻易接受未经证实的观点。同时,平衡传统和现代的知识媒介,结合传统阅读和多媒体阅读,丰富学习方式。掌握高效的阅读方法,对于提升个人知识储备、拓展思维边界以及激发创作灵感具有至关重要的作用。

2)析

"析"是佳作赏析。赏析作为一种深度认知活动,本质上是通过审美体验与理性思辨的交融,实现从感性共鸣到知性洞察的升华。这一过程既包含对艺术杰作的审美品鉴,也涉及对文本疑点的思辨解析,最终形成对作品多维价值的系统性认知。赏析的终极价值不仅在于解析文章内容,更在于通过美育培养"敏锐的感知力"与"深邃的思辨力",使个体构建完整的精神世界与独立的审美判断。

"析"的主要做法是阅读与赏析优秀的科普作品。因此,在赏析前,要先甄选优秀的科普作品。在赏析过程中,要充分调动自身的思想感情、生活经验、科学观点和专业兴趣,将其作为理解与分析的切入点。首先,快速通览全书,把握整体框架与核心内容,形成初步的认知架构。其次,开展精读,对关键章节、重要观点进行深入剖析,细致解读文本内涵,梳理知识脉络,并坚持"眉批段批"、撰写评价或阅读札记。最后,实施赏析式阅读,将全书内容进行系统性整合,从学术价值、思想深度、写作技巧等多维度进行深度分析与评价,可以倾听他人的见解和建议,分享自己的读后感,对比个人作品与优秀作品的差距。通过对作品的深入研读,从感性认知层面逐步上升到理性思考层面,品味科普创作所蕴含的理论内涵,同时精准领略科普作品所采用的写作技法,为科普创作研究与实践提供有力支撑。

从选题技巧来看,2023 年 12 月,北京大学医学部学生工作部联合百度健康医典共同举办的第三届"北大医学杯"学生科普展示大赛一等奖作品——防艾不妨爱,很值得学习与赏析。结合当前青年学生是我国艾滋病防控的重点人群的背景,创作团队从 2023 年春天开始创新性地编排了这样一部生动活泼的小短剧,聚焦青年防艾科普,精心融合了 HIV(人类免疫缺陷病毒)传播途径、阻断剂、"三要""三不要"的注意事项。在确保科普知识科学性、传递有效性的前提下，以更加生动、活泼、有趣的手法进行艺术加工与文本创作，通过一位怀疑自身感染 HIV 的青年学生的亲身自述、梦境、诊治经过，希望能更为青年学生所接受，收获更广泛的传播力与深入人心的影响力。他们希望能更为广大青年学子所接受，用关怀和爱来帮助和支持艾滋病患者。

"奇文共欣赏，疑义相与析"。通过长期的佳作赏析，能够拓展赏析视野，从不同角度了解自己的创作水平，提升个人对科普作品的鉴赏能力。

3）仿

"仿"是指借鉴和模仿。古人讲"它山之石，可以攻玉"，科普创作也要从模仿佳作起步，深度研习经典作品在立意构思、框架搭建、观点阐释、语言雕琢、修辞运用等维度的精妙之处，并将其巧妙融入自身的创作实践之中。审视仿写这一写作训练模式，不难发现，它不仅是写作技能提升的有效途径，更符合人类认知事物由浅入深、循序渐进、熟能生巧的内在逻辑。

仿写训练的核心要义在于将复杂的创作过程分解为可操作的阶梯模块。它如同为初学者搭建的脚手架，通过"化整为零"的策略将写作难题转化为可逐步攻克的关卡。这种训练模式能有效化解初学者的畏难心理，在模仿与创造的交互中点燃写作热情，培育表达自信。正如建筑学徒通过临摹经典建筑图纸领悟空间美学，仿写训练能让创作者在解构与重构中掌握创作规律。

仿写训练是提升写作能力的有效方法，但在实践中常因操作不当导致效果受限。以下是仿写训练中易出现的四大常见问题：一是照抄内容，改头换面。仿写只是借鉴范文的样式、结构和写法等，相对于原文则是另起炉灶，再写一篇相似的文章。文章的内容与原文不同，切忌机械复制，缺乏思维转化。二是把仿写简单地理解为缩写、扩写、改写等。缩写、扩写的内容与原文的主题一致，而仿写则是运用新的题材写不同的内容；改写是改变原文的体裁、结构等，仿写则要求在这几个方面与原文一致。三是仿写脱离生活实际。仿写需以自身的实际生活为土壤，以思想为种子，抒发真实情感，通过生活观察提炼科学洞见，生长出独具生命力的作品。否则，仿写便如空中楼阁，徒具形式而失却灵魂。四是仿写逻辑衔接断裂。在仿写中出现词汇堆砌，为模仿平实语言而过度使用基础词汇，导致表达幼稚化。或者是句式杂糅，学术长句与口语短句生硬拼接，破坏阅读流畅性。再或者是因果链缺失，照搬原文框架，但未建立新主题的因果链条，过渡突兀，使得章节间缺乏逻辑衔接。

在进行仿写训练时，选用的范文可以是老师给定的，也可以是自己选定的。通过深度解构与创造性重构,学习者不仅能掌握科普写作的核心技法,更能在科学理性与人文情怀的交融中,培育独特的科学传播视角。

4)积

"积"是指收集和积累素材。俗话说"巧妇难为无米之炊",创作也须先有素材,这是人们认识事物的客观规律及思想的产生、发展的客观规律所决定的。写作如同一场漫长的马拉松,素材积累便是沿途不断补充的能量站。许多作家将积累的素材比作"思想的种子",只有经过长期的播种与培育,才能在创作时结出丰硕的果实。积累素材方法可以分为直接积累与间接积累两种。

直接积累素材方法包括:口、眼、鼻、耳等亲身感受获得的素材,也是最容易积累的方法。一是通过日常观察,在平凡中捕捉非凡。作家汪曾祺曾言"生活是第一性",他笔下的高邮咸鸭蛋、昆明雨季皆源于对日常细节的敏锐捕捉。而对于科普知识的积累来讲,做生活的有心人,经常记录动物的生态习性,或者植物的根、茎、叶、花、果实和种子的形态特点,以及自然环境的轮回交替等,这些碎片经过时间发酵,会成为作品的血肉。二是融合职业经历,专业深度赋能创作。法医秦明将解剖台见闻转化为悬疑小说,医生余华将手术室的无情转化为《活着》的残酷叙事。无论从事何种职业,工作中的冲突、专业术语、特殊场景均可成为素材,并且将专业技能转化为文学手法,能让作品兼具深度与独特性。三是丰富人生体验,跨文化碰撞激发想象。三毛的《撒哈拉的故事》源于异域体验,旅行时记录当地传说、方言词汇、特色饮食,甚至收集车票、门票等"物证",能增强场景真实感。尝试用异乡人的眼光重新审视熟悉事物,往往能发现新的隐喻与象征。

间接积累素材方法主要是指从书籍、影视、与人交谈、网络查询搜索等积累素材。一是广泛阅读,构建多维认知框架。可通过定期重读经典,如《红楼梦》的家族群像、《战争与和平》的战争描写,拓宽知识面,激发跨界思考,将技巧内化为创作本能。同时,关注热搜新闻、网络热梗,获取最新资讯与深度报道,分析背后的集体心理,能赋予作品时代共鸣。二是积极探索,在公共空间中打捞素材。可以通过参加公益活动、行业论坛、学术报告等,记录不同群体的语言模式与思维方式;也可以针对创作主题进行深度采访,如写医疗科普作品可访谈主治医生,写文物科普作品可查阅地方志,让细节经得起推敲,为文章增添真实性与深度。三是增加跨媒介体验,打通感官的素材通道。在生活中注重参与转化,例如在体育竞赛中拍摄运动轨迹慢动作视频,记录肌肉收缩时皮肤纹理的动态变化,从绘画、雕塑中获取色彩、构图与象征意义的灵感,从音乐中感受节奏、旋律与情感的融合,促进多感官的协同体验。

5)创

"创"是指独立写作,具有新颖性与独创性的特点,这给创作者提出了很高的要求:在审题时需独具慧眼,精准把握题目精髓;在立意时要高瞻远瞩,赋予作品深刻内涵;在选材时要披沙拣金,选取最具代表性的素材;在组材时需匠心独运,构建严谨合理的结构;在表达时要妙笔生花,让文字充满感染力;在修改时更要精益求精,不断打磨完善。

"创"是科普写作中创造力的集中体现。对于初涉科普写作领域的新手而言,创作练习无疑是夯实基础的关键一步。在初学阶段,每一次的写作尝试都是一次成长的磨炼。古人说"多读胸中有数,勤写笔下生花",这深刻揭示了"业精于勤"的真谛:只有通过不断地实践,才能让文字在笔下流淌得更加顺畅自如。但是,勤写并不意味着盲目地重复。季卜枚先生曾精辟地指出:"搞科普创作不是以多取胜,而应是以质取胜。"这为我们指明了科普作品创作的正确方向。在追求数量的同时,更要注重作品的质量,力求每一篇作品都能成为精品。

养成良好的写作习惯,是在科普写作的道路上稳步前行的重要保证。随手写摘记,是开启知识宝库的钥匙。在日常生活中,我们身边到处都是知识的源泉。无论是阅读一本科学书籍,还是观看一部科普纪录片,或者是与他人的学术交流中,只要遇到有价值的信息,都应及时记录下来,为我们的科普作品写作提供丰富的素材。拟提纲、打草稿,是构建文章大厦的蓝本。提纲如同大厦的框架,它能帮助我们清晰地规划文章的结构,明确各个部分之间的逻辑关系。在拟提纲的过程中,我们可以对文章的主题、论点、论据等进行全面的梳理,确保文章内容有条不紊。而草稿则是思想的自由天地,在这里可以尽情地挥洒笔墨,将自己的想法毫无保留地表达出来。反复修改,是提升作品质量的"磨刀石"。一篇优秀的科普作品,往往需要经过多次的打磨和雕琢。在修改的过程中,要从内容、结构、语言等多个方面进行审视,发现问题后应及时纠正。对于那些冗长烦琐的句子,要进行精简;对于逻辑不清晰的地方,要进行调整;对于表达不准确的地方,要进行修正。通过不断修改,作品才能逐渐日益完善。

2. 问答式法

问答式法,顾名思义,是通过提出问题和回答问题的形式来传递科学知识的创作方法。这种方法的核心在于问题的设置和答案的呈现,问题应当紧扣科学主题,具有代表性、普遍性和针对性;答案则应当准确、简洁、明了,能够直接解答问题并揭示科学原理。

问答式法是科普创作中一种广泛应用的方法,具有互动性强、易于理解、针对性强等优点。在科普书籍中,问答式法常被用于章节或章节之间的过渡,通过提出问题来引导读者思考,然后在下文中给出答案,这种方式可以激发读者的好奇心和求知欲,增强阅读的趣味性。科普文章中的问答式法通常用于开头或结尾部分,通过提出问题来吸引读者的注意力,或通过总结问题来巩固读者的理解。此外,问答式法还可以用于文章中的插叙或旁注,为读者提供额外的信息和解释。在科普视频中,问答式法可以通过提问和解答来推动视频的进程,使观众能够跟随视频的节奏逐步深入了解科学知识。同时,问答式法还可以用于视频的互动环节,让观众通过弹幕或评论提出问题,增强观众的参与感和互动性。

运用问答式法创作科普作品时,首先要有一个明确的主题,并围绕该主题设计一系列相关问题,吸引读者的兴趣并引发他们的思考。在设计问题时,需要注意问题的清晰度和准确性,避免使用模糊或含混不清的表述。同时,答案应该简洁明了、准确无误,能够直接回答读者的问题并解释相关科学原理。最后,问答式法的作品应按照一定的逻辑顺序进行组织和排版,可以将问题按照主题进行分类,并在每个问题下方提供对应的答案。此外,还可以使用标题、小标题、列表等排版元素来突出问题和答案的层次感和条理性。

在众多优秀的问答式科普作品中,《十万个为什么》丛书为我们提供了一个优秀的创作范例,值得大家在未来的创作中学习和借鉴。该丛书涵盖了物理、化学、生物、天文等多个领域,通过简洁明了的问题和准确权威的答案,为读者解答了众多科学疑惑。在书中,每个问题都直接触及读者的好奇心和求知欲,如“为什么天空是蓝色的?”“为什么植物需要光合作用?”等。这些问题不仅具有普遍性,而且能够引发读者的深入思考。而答案部分则通过科学严谨的解释,为读者揭示这些现象背后的科学原理,满足了读者的求知欲。除了准确的答案,《十万个为什么》还结合了生动的插图和形象的比喻来呈现答案。这些插图和比喻不仅增加了趣味性,还使得科学知识更加直观易懂。例如,在解释光的折射现象时,书中通过插图展示了光线在不同介质中的传播路径,同时用“跳水运动员在不同水深中姿态的变化”来比喻光线在不同介质中的折射,使读者能够迅速理解这一复杂的科学原理。正是这种问答式法的巧妙应用,使得《十万个为什么》丛书成为一部广受欢迎的科普经典之作。它不仅为读者提供了丰富的科学知识,还激发了读者的学习兴趣和探索精神。通过阅读这本书,不仅能够解答自己的疑惑,还能够拓宽视野,增长见识,培养科学思维和解决问题的能力。

3. 简要阐述式法

简要阐述式法,是指通过简洁明了的语言和逻辑结构,对科学概念、原理、现象等进行直接阐述和解释的创作方法。这种方法的核心在于"简要"与"阐述"的结合,既要确保信息的准确性和完整性,又要避免冗长和复杂的表述,使科学知识更加易于理解和接受。

简要阐述式法具有直接性、明了性、准确性、灵活性的特点。直接性,是指直接针对科学问题或现象进行阐述,不添加不必要的修饰,使读者能够迅速抓住核心信息,提高科学传播的效率。明了性,是指使用通俗易懂的语言和清晰的逻辑结构,避免专业术语的滥用,降低科学知识的理解门槛,确保读者能够轻松理解科学知识的本质,使更多人能够接触和了解科学。准确性,是指在简要阐述的过程中,确保信息的准确性和科学性,避免误导读者或传递错误的信息。灵活性,是指简要阐述式法可以应用于各种形式的科普创作,如科普文章、科普视频、科普讲座等,具有广泛的适用性,增强了作品的可读性和吸引力。

简要阐述式法在科普创作中的应用非常广泛。例如在科普文章中,可以通过简洁明了的语言和清晰的逻辑结构,对科学概念、原理、现象等进行直接阐述和解释。例如在解释"黑洞"这一概念时,以简要阐述黑洞的形成原因、特性以及其对周围环境的影响,使读者能够快速了解黑洞的基本知识。在科普视频中,可以通过动画、图表等视觉元素,结合简洁明了的语言,对科学问题进行直观阐述。例如在介绍"气候变化"时,利用动画展示温室气体的排放、地球温度的升高以及极端天气事件的增加等过程,同时用简洁的语言进行解释,使观众能够直观理解气候变化的原因和影响。在科普讲座中,可以通过PPT、实物展示等手段,结合简洁明了的语言,对科学问题进行深入阐述。例如在讲述"基因编辑技术"时,演讲者可以通过PPT展示基因编辑的原理、方法以及应用前景,同时用简洁的语言进行解释,使听众能够深入了解基因编辑技术的相关知识。

运用简要阐述式法创作科普作品时,必须注重保留科学本质,聚焦核心概念,直接切入主题,避免冗长铺垫和"大而全"的论述。在逻辑结构方面,可以采用"总—分—总"模式,用生活化语言和逻辑链引导读者理解,分点展开关键信息。在行文写作时,做到语言平实化,可用比喻、拟人等修辞降低理解门槛,避免专业术语堆砌,这样既能传递科学知识,又能激发读者对科学的兴趣,实现"科学普及"与"人文关怀"的双重目标。

在众多优秀的简要阐述式科普作品中,《菌儿自传》为我们提供了一个经典的范例。《菌儿自传》是我国著名科学家、科普作家高士其的代表作之一。全书以"菌儿",一个细菌的视角自述,分为多个篇章,涵盖细菌的形态、习性、分布、与人类的关系等科学知识。书中"菌儿"以第一人称口吻,时而"在呼吸道探险",时而"在肠道开会",语言幽默生动,如"人类的肚肠是我的天堂"。并且每章开篇以诗歌引入,如"水国纪游"篇章中,用"明净如镜"形容水面,兼具文学美感。通过比喻(如"小人国")和实验故事(如科学家用火、酸、酒研究细菌),将复杂的科学知识通俗化。这种以拟人化角色串联科学内容的方式,既简化了专业术语的艰涩,又增强了趣味性。《菌儿自传》让我们重新审视微观世界,理解生命的复杂与奇妙,也让大家感受到科学家们为人类福祉所付出的努力。

4.逻辑推理式法

逻辑推理式法,是指在科普作品创作中,通过构建严密的逻辑框架,运用逻辑推理和论证手段,对科学概念、原理、现象等进行深入剖析和解释的方法。这种方法的核心在于逻辑性和推理性,强调通过科学的论证过程,使读者理解科学知识的本质和内在联系。

逻辑推理式法的特点主要体现在以下四个方面:一是逻辑性,强调逻辑框架的构建和逻辑推理的运用,确保科普内容的逻辑性和连贯性。二是推理性,是指通过逻辑推理和论证,揭示科学知识的本质和内在联系,使读者能够深入理解科学原理。三是科学性,是指在逻辑推理的过程中,注重科学证据的引用和科学方法的运用,确保科普内容的科学性和准确性。四是启发性,是指通过逻辑推理式法的创作,激发读者的思考能力和探索精神,培养科学思维和解决问题的能力。

逻辑推理式法在科普创作中具有明显的优势。首先,本方法通过严密的逻辑框架和科学的论证过程,能够增强科普内容的说服力和可信度,使读者更加信服。其次,本方法强调对科学知识的深入剖析和解释,使读者能够深入理解科学原理,把握知识的本质,进而提高理解深度。再次,逻辑推理式法通过逻辑推理和论证,能够培养读者的科学思维和解决问题的能力,提高公众的科学素养。最后,本方法注重语言的简洁明了和结构的清晰合理,使科普内容更加易于阅读和理解,增强了科普作品的可读性。

逻辑推理式法在科普作品创作中的应用实践非常广泛。写作科普文章时,通过构建逻辑框架,运用逻辑推理和论证手段,对科学问题进行深入剖析和解释。例如,在解释"为什么地球是圆的"这一问题时,作者可以从物理学和天文学的角度出发,通过逻辑推理和论证,揭示地球形成和演化的过程,回答地球是圆形的原因。开展科普讲座时,通过清晰的逻辑结构和科学的论证过程,可以向听众传授科学知识。例如,在讲述"气候变化的原因和影响"时,可以从温室气体排放、地球温度上升、极端天气事件增加等多个方面出发,通过逻辑推理和论证,揭示气候变化的原因和对人类社会的影响。制作科普视频时,可以通过动画、图表等视觉元素,结合逻辑推理和论证过程,向观众展示科学知识的内在逻辑和联系。例如,在介绍"基因编辑技术"时,可以利用动画展示基因编辑的原理和过程,同时结合逻辑推理和论证,揭示基因编辑技术的优点和潜在风险。

由多多罗打造的《神探迈克狐》系列丛书成功运用逻辑推理式法,以"科学＋侦探"的创新模式,打破传统科普作品的枯燥感,将角色魅力、互动设计及科学知识融合,成为兼具趣味性与教育性的文学佳作。书中故事涵盖多个篇章,如《国际学院篇》《千面怪盗篇》《孤岛寻踪篇》等,每篇包含6册,每册聚焦若干案件,案件设计融合悬疑、科学推理与生活常识,如柠檬汁遇热碳化显字(化学)、凸透镜聚焦点火(物理)、鲁米诺试剂检测血迹(生物)等,通过"科学小站"栏目拓展知识,涵盖物理、化学、生物、地理等多学科。作品通过案件分析培养逻辑推理与批判性思维,并将科学知识融入悬疑叙事,激发读者的探索欲,在强调"坚持真理与正义"的侦探守则的同时,传递正向伦理观,在儿童科普领域中具有很高的开创性价值。

(二)科普作品创作的技巧

1. 精准内容设计

(1)选题精准。一是结合热点,关注科技前沿(如人工智能、基因编辑)或社会议题(如气候变化)。二是需求导向,通过问卷调查或社交平台分析受众兴趣,如青少年偏爱宇宙探索、老年人关注养生健康。

(2)叙事策略。可以采用故事化叙述,用科学家轶事或历史事件串联知识点(如牛顿与苹果的经典故事);也可以设置悬念驱动,开篇抛出反常识问题(如"水在太空中会沸腾还是会结冰?");或者采用场景代入,从生活场景切入(如用微波炉加热原理解释电磁波)。

(3)知识分层。根据受众不同进行分层设计,例如小白版采用类比简化(如"DNA 是生命的说明书");进阶版则引入基础公式或实验(如光合作用反应式);深度版就可以附参考文献或扩展阅读链接。

2.创新表现形式

(1)视觉设计。选择合适的表现形式,例如插入信息图表,用流程图解释复杂过程(如碳循环);利用动画展示分子运动或天体运行等抽象原理;应用 AR/VR 等技术,让受众"走进"细胞内部或火星地表等。

(2)交互设计。可以设计家庭可操作实验(如用醋和小苏打模拟火山喷发),或者开发科普解谜游戏(如上海科技馆发布原创科普游戏《星火之旅》)。

(3)多媒介融合。可利用短视频+长文的形式,采取抖音 1 分钟悬念视频引流至公众号深度解析,或者是播客+图文的形式,用音频节目配套可下载的思维导图。

3.优化传播途径

(1)平台适配。利用短视频平台,前 3 秒钟抛出反常识结论(如"你知道吗? 99%的人不会洗手")。另外,也可利用图文平台,使用小标题、加粗关键句、插入互动问答。

(2)用户参与。一是 UGC(用户生成内容)激励,发起"科普达人挑战赛",鼓励用户拍摄"30 秒钟科学实验"视频,优秀作品可获平台流量扶持;或者设置"科学问题悬赏榜",用户提交答案后可兑换积分或实物奖励。二是社群化运营,建立"健康知识问答群",邀请专家定期答疑,用户可通过打卡积分兑换专属福利;或者开发"科普社区"小程序,用户可上传知识卡片、参与话题讨论,形成内容共创生态。

■ **拓展阅读**

做健康科普也能治病救人

(中国道路中国梦·每一个人都是主角)

谭先杰

一粒药、一根针,可以治病;一本书、一堂课,亦可救人。很多医学常识,对医生而言是"老生常谈",对患者来说却是"闻所未闻"。

我是一名妇产科医生,来自三峡库区的土家族山寨。12 岁时,母亲因妇科肿瘤去世。年少失去至亲,如同经历一场暴雨,给我留下伤痛。成为母亲口中"什么病都能治好的大医生",便成了我从医的初心。

当了医生,自然知道成为这样的"大医生"并不现实。但是,很多疾病越早诊治,越能取得良好的治疗效果。例如,母亲所患的子宫内膜癌,是一种有出血预警信号、早期能治愈的肿瘤,由于当时缺乏这方面的知识,结果发展成了"不治之症"。无论是对于医生还是家属来说,最遗憾的莫过于明明有机会,却错失了最佳治疗时机。

"有时是治愈,常常是帮助,总是去安慰",这句话被许多医生同行挂在嘴边。医院是健康的一道坚实防线,倘若能为公众普及更多疾病防控知识,提醒他们早诊早治,把防线筑到人们心里,就可能把"有时是治愈"变成"常常是治愈",并减少"总是去安慰"的情况。架起这座知识桥梁,医生有能力,更有责任。从 2012 年开始,在完成临床任务的同时,我用业余时间开展女性健康科普,写了 200 多篇科普文章,出版了 10 余本科普图书。这些年,我通过科普巡讲走遍了全国各个省份,中东部地区居多。在这个过程中我发现,做好科普还要把更多目光、资源投向那些基础条件和医疗资源相对薄弱的地区。西藏拉萨、青海玉树、云南迪庆、贵州毕节……自 2024 年开始,我开启青藏高原和云贵高原民族地区女性教师及爱心妈妈健康关爱行动,得到了全国妇联及北京协和医学院教育基金会的支持。

有朋友不解,何不抓住人生黄金期丰富执业经历?做手术是救人,做科普也是救人。一本优秀的科普图书、一场精彩的科普讲座、一段实用的科普视频,可以让成千上万的人受益。在医学史上,很多医界泰斗,同时也是科普大家。我喜欢传道授业解惑的感觉,更重要的是,我希望通过科普让更多人"防病于未然"。有一次,我收到了一面特殊的锦旗,对方并不是我的患者,而是科普节目的观众,因为及时做了检查,实现了早发现、早治疗。这不正是科普的价值所在吗?近两年,健康科普被多地纳入职称评价体系,发挥了正向作用,引导更多人投身其中。从更大视野来看,提高人民健康素养,是提高全民健康水平最根本、最经济、最有效的措施之一。

推进健康中国建设,就要从"以治病为中心"向"以人民健康为中心"转变。2025 年的《政府工作报告》提出,"促进优质医疗资源扩容下沉和区域均衡布局"。健康科普资源下沉,也是题中应有之义。我愿以满腔热忱、专业知识为群众健康多做点事,带动更多人助力科普,为健康中国添砖加瓦。

(摘自《人民日报》,2025年4月21日第5版,作者谭先杰为北京协和医院妇产科学系副主任、主任医师,中国科普作家协会副理事长)

课堂反馈

1.科普作品创作的原则有哪些?并简述其含义。

2.科普作品创作的特点有哪些?

3.科普作品创作的流程包含哪些?

4.结合不同年龄与教育阶段的目标受众,简述科普作品创作的认知特征和内容设计要点。

5.科普作品创作的方法有哪些?并说出其具体含义。

6.阅读下面的案例,谈一谈其中存在的问题,并总结如何进行科普作品创作。

科普实践

1.实践目标

(1)掌握科普作品创作的流程与要求。

(2)完成多种形式的科普作品创作。

2.实践内容与要求

(1)请同学们在下面列举的主题中选择,依据提示完成一次科普作品创作(科普文章1000~2000字,科普插画字数800~1200,图片8~12张,科普动画1~3分钟),要求内容科学准确,表述简洁明了,作品逻辑清晰,符合科普要求。依据所学专业知识,也可以自选科普主题。

(2)同学们自行组队,2~3人一组,要求组内分工明确,发挥各自所长。

主题示例:

1)自然科学类

(1)气候变化与全球变暖:探讨气候变化的科学原理、人类活动的影响以及可能的应对措施。

（2）生物多样性保护：介绍生物多样性的重要性、面临的威胁及保护措施。

（3）地球内部奥秘：揭示地球的内部结构、板块构造及地震、火山等地质活动的科学原理。

（4）极端天气现象：解析台风、龙卷风、洪水等极端天气的形成机制、预测方法及防范策略。

2）物理科学类

（1）量子物理入门：以通俗易懂的方式介绍量子叠加、量子纠缠等的基本概念。

（2）相对论简述：简述狭义相对论和广义相对论的基本原理及其对现代科技的影响。

（3）光与色的科学：探讨光的性质、颜色产生的机制以及光在日常生活中的应用。

（4）能源与未来：介绍可再生能源（如太阳能、风能）的原理、应用前景及挑战。

3）生物科学类

（1）人类基因组计划：概述人类基因组的结构、功能及基因组学研究的意义。

（2）神经科学与大脑：探讨大脑的结构、功能及神经递质在情绪、记忆中的作用。

（3）遗传学与疾病：解析遗传性疾病的遗传机制、诊断方法及预防策略。

（4）生物进化论：介绍生物进化的基本原理、证据及现代进化生物学的研究方向。

4）工程技术类

（1）人工智能与机器学习：简述人工智能的基本概念、机器学习算法及应用领域。

（2）5G 与未来通信：探讨 5G 技术的原理、优势及对未来社会的影响。

（3）航天探索与太空旅行：介绍航天器设计、太空环境及人类太空探索的历史与未来。

（4）绿色建筑与可持续发展：解析绿色建筑的设计理念、技术及应用前景。

5）环境科学类

（1）塑料污染与海洋生态：探讨塑料污染对海洋生态的影响及减少塑料

使用的措施。

（2）水资源管理与保护：介绍水资源的现状、管理策略及节水技术。

（3）空气污染与治理：分析空气污染的来源、危害及治理方法。

（4）生态恢复与绿色重建：探讨受损生态系统的恢复方法、案例及绿色重建的重要性。

6）轨道交通技术类

（1）车辆技术与设计：探讨轨道交通车辆的技术特点，如轻量化、节能降耗、环保降噪等。介绍新型车辆设计，如无人驾驶列车、多功能车厢等。

（2）信号与通信系统：解释轨道交通信号系统的基本原理和作用，如列车自动控制系统（ATC）、列车自动防护系统（ATP）等。阐述现代通信技术如何提升轨道交通的安全性和效率。

（3）供电与能源管理：分析轨道交通的供电方式，如第三轨供电、接触网供电等。探讨新能源在轨道交通中的应用，如太阳能、风能等可再生能源的利用。

3.实践成果

（1）科普文章创作稿件1份。

（2）科普插画创作作品1份。

（3）科普动画创作作品1份。

4.实践考核与评价

实践考核细则见表3-5。

实践考核细则 表3-5

评价指标	评价标准	分值（分）	得分（分）
内容科学性	内容准确、符合科学原理	15	
	数据来源可靠，逻辑严谨	15	
创意与原创性	选题新颖，形式创新	10	
	内容具有独特性	5	
互动性与参与度	设计互动环节（如问答、实验演示等）	10	
	吸引受众参与并反馈，参与人数达标，如50人以上	5	
演示与表达能力	演示清晰流畅，语言通俗易懂，整体形象得体	15	
	表现形式适当	5	
成果转化与传播	在科普期刊或官方媒体上发表文章	5	
	活动被媒体报道	5	

续上表

评价指标	评价标准	分值(分)	得分(分)
持续改进与反馈	根据受众反馈优化内容(如微信评分、问卷调查等),形成总结报告并改进	10	
合计		100	

注:存在以下行为,则实施一票否决,课程考核成绩计为不合格。

(1)不认同科学精神,在作品创作中故意与之背离,且拒绝改正。

(2)故意不按要求、规则、规范进行作品创作,且拒绝改正。

模块四

科普讲解与传播

📖 **学习目标**

1. 知识目标

(1) 掌握科普讲解的基本概念。

(2) 了解科普讲解的特点。

(3) 掌握科普讲解的技巧。

(4) 了解科普传播的媒介。

2. 能力目标

(1) 能讲述科普讲解的基本概念。

(2) 能介绍科普讲解的特点。

(3) 能讲述科普讲解的技巧。

(4) 能讲述科普传播的媒介。

3. 素质目标

(1) 坚持恪守科学伦理的原则,确保传播真实。

(2) 养成对科普事业的热爱,促进社会理性认知与科学发展。

(3) 具备与不同受众的沟通能力,确保科学信息精准地传递。

■ **问题驱动**

讲述科学,诠释万物

——为每个人带来科普盛宴

2021年9月,全国科普讲解大赛在广东科学中心圆满落下帷幕。来自全国各地76个代表队232名选手通过网络视频连线的方式,在"云端"跨时空展示比拼,为公众呈现了一场集科学、艺术、技能为一体,展示、交流、创新相融合的"科普盛宴"。

1. "科普盛宴"——全国科普讲解大赛

全国科普讲解大赛是全国科技活动周重点示范活动,也是目前全国范围最大、水平最高、代表性最强、最具权威性的科普讲解比赛。大赛创办于2014年,由科技部主办。参赛选手来自社会不同领域,既有科普场馆的讲解员、科研院所的研究人员,也有工程师、解放军、消防员、武警官兵、医护人员、高校师生等,年龄跨度从"00后"到"60后",涵盖多龄段、多层次、多领域。讲解内容丰富多彩,包括"天问一号"的秘密、"抗疫神器"的诞生、太空中的卫星互联网……

为了把科学内容讲得生动、有趣和好玩,选手们用通俗易懂的语言表达,以实验、表演、动画视频、音乐和PPT等直观的形式进行讲解,使得无论是前沿科技,还是看似寻常却蕴含了重要科学原理的内容,公众都可以听得懂,有兴趣听,可以充分领略和感受我国科技发展的蓬勃力量。

2. 科普需要讲解

在人类历史发展长河中,有关科学的起源、发展以及成就方面的故事,人们至今知之甚少。古希腊人认为,科学和哲学的内容完全相同。文艺复兴之后,由于采用了实验的方法研究自然,哲学与科学才分道扬镳。自然科学刚建立的时候,是以牛顿的动力学作为理论基础。

进化论的问世以及现代数学、物理学的诞生,使得科学知识不断丰富。科学的研究方法主要是分析法,要尽可能地运用数学方式并按照物理学的概念来解释现象。物理学的基本概念是一些抽象的概念,这些概念可以使出现在事物表面的混乱现象变得秩序井然。

近年来,随着党和国家实施创新驱动发展战略,高度重视科技创新与科学普及,并开始把科学普及放到了与科技创新同等重要的位置,一系列鼓励科学普及的政策与措施相继出台,科学普及事业进入了良性发展轨道。

3. 科普讲解是什么

讲解作为一种知识传播形式开始流行起来,许多专业讲解员走出科技类博物馆、科技馆等展馆,到各类企业、学校、农村、社区等公共场所进行科普讲解,传播科学文化知识,为人们带来了知识和美好生活的体验,为忙碌的人们带来了轻松、快乐和满足,受到人们的普遍欢迎和社会各界的广泛赞誉。与此同时,一批科技人员、教师、科普志愿者、业余爱好者,特别是年轻人以讲解的方式加入科普事业的行列,将之作为传播科学知识、丰富个人生活、回报社会的一种便捷途径。

他们科普讲解的范围广泛、内容新颖、形式多样,大大拓展了科技类博物馆、科技馆等的讲解内容,为人们开阔了眼界,增长了见识,打开了浩瀚知识海洋之门,成为科普事业的新生力量。许多大学生、中学生、小学生加入了科普讲解的行列中,为科普队伍带来了朝气和活力,注入了新生力量。他们认真准备讲解稿件,专注讲述,细致解释,向公众社会播撒科学的种子。弘扬科学精神,普及科学知识,做科学传播使者,是一件特别有意义的事情,是培育全社会爱科学、讲科学、学科学、用科学的践行者,是国家、民族的希望所在,也是一个国家走向强盛的开始。

4.科普讲解叩开科学之门

讲解以其直观形象的形式、亲切自然的解说、精彩故事的叙述,为各类参观者提供了专业辅导和帮助,赢得了参观者的赞赏,得到了社会各界的广泛欢迎和喜爱。因此,讲解这一方式逐步拓展到其他许多需要讲解的场合,从事讲解的人员也开始多样化。科普讲解使得讲解者、观众均从中受益,获得感、喜悦感、幸福感油然而生,使人们平淡的生活多了一份乐趣,繁忙的工作之余多了一丝欣慰,获取知识多了一个新途径。

无论是专业讲解人员还是业余讲解人员,无论是科技人员还是科普人员,无论是老师还是学生,无论是成年人还是年轻人,无论是老年人还是孩童,无论是公务员还是白领、企业家,无论是军人、武警还是公安民警,无论是城市居民还是农牧民,无论是领导还是普通员工,在生活和工作中都需要讲解,并开始喜欢上了讲解这种方式。因为讲解为他们叩开了科学之门,开阔了他们的视野,提高了他们的社会交往能力与水平,为他们的生活和工作带来了实惠和便利,成就了他们生活、事业、社交的许多方面,带来了意想不到的收益与喜悦,这大概也是讲解的魅力之所在。

(摘自中国科普网,2022 年 10 月 18 日)

引导问题:

1.什么是科普讲解?

2.科普讲解有哪些作用?

🔲 理论导航

一、科普讲解概述

讲解是以展陈为基础,运用科学的语言和其他辅助方式,将知识传递给公众的一种社会活动。讲解是人人都应具备的基本能力,它是生活的需要,也是工作的需要,更是参与社会生活和公共事务必不可少的基本交往能力。

科普讲解是在一定的时境内,运用有声语言、态势语言及其他辅助方法向听众普及科学知识、弘扬科学精神、传播科学思想、倡导科学方法的活动。科普讲解旨在将深奥的科学知识、精确的科学原理、严谨的科学方法以及崇高的科学精神,通过多元化的方式和渠道,向广大公众进行生动、直观且易于理解的传播和阐释。

(一)科普讲解的主体

讲解是人们应该具备的一项基本技能,人人都应该学会讲解,从而在生活、工作中占得先机。科普讲解是一种具有专门要求和约定形式的讲解。

1.讲解人员

讲解人员的主要任务就是讲解展品及陈列物,将展品、陈列物讲述给参观者,解释展品、陈列物的相关知识,回答参观者的各种提问,提高参观者的获得感及参观价值。

2.科研人员

科研人员无论是申请课题、接受质询、结题验收,还是接待参观者、同行交流、参加各种展示活动,都面临着讲解的任务,他们需要讲述研究项目的内容、目的、作用和价值,从而获得立项和必要的经费支持。

3.科普人员

科普人员的任务就是普及科学知识,弘扬科学精神,采取各种易于公众理解和接受的形式。讲解是传播效果好的活动形式,也是科普运用较多的形式。从事科普工作,应该掌握科普讲解能力,科普讲解是科普人员的基本功。

4.志愿人员

科普志愿人员从事科普工作,是公益性活动,是对社会的奉献。科普志愿人员无论从事什么职业,从事科普尽量要发挥个人的长处和优势,从而帮助科普机构、组织提高科普水平,满足公众对科学技术的特殊需求。

(二)科普讲解的对象

科普讲解,即科学普及讲解,是将科学知识、科学原理、科学方法以及科学精神等,通过一定的方式和渠道,向公众进行传播和解释的活动。这一活动的对象广泛,涵盖了不同年龄段、不同职业背景、不同教育背景以及不同兴趣爱好的人群。

1.青少年

青少年作为科普教育的核心对象,正处于认知世界、积累知识、形成价值观的关键时期。科普讲解通过寓教于乐的方式,如科学实验、科普动画、科学探险故事等,能够极大地激发青少年的好奇心和探索欲,引导他们主动探索科学奥秘,培养批判性思维和解决问题的能力,为未来的科技创新奠定坚实的基础。

2. 成人

成人学习者,包括大学生、职场人士及社会各界对科学怀有浓厚兴趣的成年人,构成了科普讲解的另一大受众群体。对于这部分人群,科普讲解需注重实用性和前沿性,提供与日常生活、职业发展紧密相关的科学知识,如健康养生、环境保护、信息技术等,帮助他们更好地理解社会现象,把握科技发展趋势,提升生活质量和工作效率。

3. 老年人

随着社会老龄化趋势的加剧,老年人对科学知识的需求也日益凸显。科普讲解应关注老年人的兴趣和需求,可以向他们介绍最新的科技发展和健康生活知识,以此丰富他们的晚年生活,提升其科学素养,助力他们实现老有所学、老有所乐。

4. 残障人士

针对特殊群体,如残障人士,科普讲解需采取多种创新方式以确保信息的无障碍传递。对于视觉障碍者,可通过有声读物、语音导览及触觉模型等,将科学知识转化为音频或可触摸的形式,帮助他们以听觉和触觉感知科学世界。对于听觉障碍者,则可通过字幕、手语翻译以及视觉丰富的演示材料(如图表、动画)来接收和理解科普内容。对于肢体障碍者,受益于无障碍设施的建设,如坡道、电梯等,同时,在线直播和远程学习平台使他们能远程参与科普活动。对于智力障碍者,简化讲解内容、采用直观演示及寓教于乐的互动游戏能有效提升他们的学习体验。此外,结合家庭、社区的力量,开展定制化的科普活动,也是促进残障人士科学素养提升的有效途径。这些多样化的讲解方式共同营造了一个包容性的科普环境,让科学之光照亮每一个角落。

5. 乡村农民

针对乡村农民,科普讲解方式需贴近农村实际,注重实用性和趣味性。可以将科普课堂搬到田间地头,结合农业生产实际,现场讲解科学种植、养殖技术,让农民在劳作中学习科学知识。利用科普大篷车深入农村,开展流动科普展览和讲座,为农民提供便捷的科普服务。在乡村小学、村委会等场所成立科普馆,展示农业科技、健康生活等科普内容,为农民提供学习和交流的平台。利用微信、微博等自媒体平台,发布农业技术、健康生活等科普信息,让农民随时随地获取科学知识。

6.决策者和管理者

决策者和管理者在科技政策的制定和实施中发挥着关键作用。科普讲解需向他们传递科技发展的前沿动态、科技创新的重要性以及科技政策的社会影响,帮助他们做出更加科学合理的决策,推动科技创新与经济社会发展的深度融合。

7.媒体从业者

媒体从业者作为科学知识传播的重要媒介,其科学素养和报道质量直接影响科学知识的传播效果。通过向媒体从业者进行科普讲解,提高他们的科学敏感度和报道能力,能够更有效地扩大科学知识的传播范围和影响力,形成全社会关注科学、崇尚科学的良好氛围。

8.科研人员

科研人员虽然自身具备较高的科学素养,但科普讲解同样具有重要意义。通过科普讲解,科研人员可以了解公众对科学的认知和需求,促进科研成果的转化和应用,增强公众对科学的信任和支持,为科技创新营造良好的社会环境。

(三)科普讲解的场所

1.科普场馆

科技馆是最受中小学生喜爱的科普场所,无论是平时的科学课,还是节假日出游,科技馆都是孩子们的最爱。专业讲解员、志愿讲解员的讲解是小参观者们最喜欢的环节。孩子们的各种提问,对讲解员来说都是检验与考验,能否对答如流,考的是基本功与科学文化素质。

2.科普基地

国家与地方建立了一批各类科普基地,在科普基地兴建了一批科普馆,配置了很多科普展品与互动科普器材。许多科研机构和大学的实验室、标本馆增加科普功能并向公众开放,众多科技人员兼职从事着科普讲解任务。他们的讲解内容往往是最新科技成就和动态。

3.中小学校

城市的中小学校虽然配备了科学老师,但是数量少、专业窄,难以满足学生对知识的渴求。农村和中西部地区中小学的科学老师十分紧缺,许多科学主要场所,如街道社区、农村配置了不少科技活动室、创新屋、科普实验室,节假日通常会举办各种教育科学文化卫生体育活动,讲解人员可以到这里围绕着居民生活需求,讲述科学常识、卫生健康知识,传授实用的生活技能,进行科普讲解。

4. 比赛现场

讲解人员的讲解水平如何,参加竞赛比拼一下是最好的检验方式。也许你平时对自己的讲解水平感觉良好,但到高手云集的竞赛现场,没准就不那么确定了。竞赛的最大好处是促进选手之间的交流,让大家清楚彼此的差距,提供互相学习的机会。这正是"学然后知不足,教然后知困"的体现。

(四)科普讲解的特点

科普讲解具有科学性、通俗性、针对性、互动性、时效性和创新性等特点。这些特点使得科普讲解成为一种有效的科学传播方式,有助于提升公众的科学素养和推动科学文化的繁荣发展。

1. 科学性

科普讲解的核心在于传播科学知识,因此其首要特点就是科学性。这要求讲解内容必须准确、可靠,基于科学原理和事实进行阐述。同时,在讲解过程中应避免使用伪科学或未经证实的信息,以确保公众获取到的是真实、有效的科学知识。

2. 通俗性

科普讲解的目的是让公众理解科学,因此其语言必须通俗易懂,避免使用过于专业或晦涩的术语。讲解者需要通过简单明了的语言、生动的例子和形象的比喻等方式,将复杂的科学原理转化为公众易于理解的内容。此外,还可以借助图片、视频、动画等多媒体手段,增强讲解的直观性和趣味性。

3. 针对性

科普讲解通常针对特定的受众群体进行,因此其讲解内容、语言和方式都需要根据受众的特点和需求进行调整。例如,对于儿童受众,讲解者可能需要采用更加生动有趣的讲解方式和语言;对于成年人受众,则可能更注重讲解的深度和广度。通过针对性地讲解,可以更好地满足受众的需求,提高科普讲解的效果。

4. 互动性

科普讲解往往不仅仅是单向的知识传递,还需要与受众进行互动和交流。这可以通过提问、讨论、实验演示等方式实现。互动性有助于激发受众的兴趣和参与度,使他们更加积极地参与到科普活动中。同时,通过互动和交流,讲解者也可以更好地了解受众的需求和反馈,从而不断改进和完善讲解内容。

5.时效性

科普讲解的内容往往与当前的科技热点、社会焦点等密切相关。因此,其讲解内容需要具有一定的时效性,及时反映最新的科技成果和社会需求。通过紧跟时代步伐的讲解内容,可以更好地吸引受众的注意力,提高科普讲解的吸引力和影响力。

6.创新性

在科普讲解中,创新性也是一个重要的特点。这要求讲解者不断探索新的讲解方式、新的技术手段和新的互动模式等,以提高科普讲解的趣味性和吸引力。例如,可以利用虚拟现实(VR)、增强现实(AR)等新技术手段进行科普讲解,使受众能够身临其境地体验科学原理;或者通过设计有趣的科普游戏、竞赛等活动,激发受众的学习兴趣和探索精神。

(五)科普讲解的作用

科普讲解,即科学知识的普及与传播,在社会发展中扮演着至关重要的角色。它不仅能提升公众的科学素养,还能促进科技创新、推动社会进步、促进文化繁荣、增强国家竞争力和促进科学决策。

1.提升公众的科学素养

科普讲解通过通俗易懂的方式向公众介绍科学知识、科学方法和科学精神,使公众能够更好地理解并应用科学原理,从而在日常生活中做出更加明智的决策。它有助于培养公众的科学思维,提高人们辨别真伪信息的能力,减少迷信和伪科学的传播。

2.促进科技创新

科普讲解能够激发公众对科学的兴趣和好奇心,鼓励更多人参与到科学研究和创新活动中。科普活动还能够促进不同领域之间的知识交流和融合,为科技创新提供新的灵感和思路。

3.推动社会进步

科学知识的普及有助于解决社会问题,如环境保护、公共卫生、能源危机等。通过科普讲解,公众可以更加了解这些问题的科学背景和解决方案,从而积极参与到社会问题的解决中。科普讲解还有助于提高公民的整体素

87

质,促进社会的和谐稳定。

4.促进文化繁荣

科普讲解是科学文化的重要组成部分,它有助于丰富人们的文化生活,提高人们的精神境界。通过科普活动,人们可以更加深入地了解科学发展的历史、现状和未来趋势,从而增强对科学文化的认同感和归属感。

5.增强国家竞争力

一个国家公民的科学素养水平直接关系该国的创新能力和国际竞争力。通过科普讲解,可以提高整个社会的科学水平,为国家的长远发展奠定坚实基础。科普活动还可以培养青少年的科学兴趣和创新能力,为国家储备未来的科技人才。

6.促进科学决策

科普讲解有助于公众了解科学决策的依据和过程,提高公众对政策的理解和支持度。通过科普讲解,公众可以更加理性地参与公共讨论和决策过程,为政府制定更加科学、合理的政策提供有力支持。

案例 4-1

看看村里的科普课堂秀些啥

繁荣村地处塔克拉玛干沙漠腹地,以盛产甜瓜远近闻名,曾经频发的"蔓枯病"让村民苦不堪言。工作队邀请农业专家深入村里,开展测土配方、田间管理等方面的农业知识科普宣传活动,村民们明白了甜瓜产量低、病虫害多的原因。每次专家开展科普讲座时,前来听课的村民多达上百人。

"原来是村里土壤含盐量高,肥力水平低,缺有机肥,所以瓜苗容易死。"受益于科普讲座,村民麦提赛伊迪·如则家的甜瓜大幅增产增收,他欣喜地说:"种地再不能凭老经验了,还是得靠科技!"

为了提升科普的吸引力,工作队除了利用世界地球日、世界环境日、巴扎日等节点开展科普宣传,每周还在村委会开办"科普课堂",通过图文、漫画、短视频,以及有奖问题竞猜、科普实验表演等多种形式,吸引村民参与到卫生健康、食品安全、科学防疫、生态保护等科普宣传互动中。一个个集知识性、互动性、体验性于一体的科普项目,让繁荣村村民在欢笑声中感受到科学的魅力。

　　盛凯在入户走访中注意到,村里很多孩子对天文地理、航空航天、机器人等科普内容兴趣浓厚。工作队就在繁荣村小学和安迪尔乡中心小学打造农村科普馆,购进乐高机器人系列、拼装模型等科普工具,规划设置手工制作工作室、实验室等场地,在当地青少年中开展各种科技活动。仅2023年以来,工作队就为当地青少年学生表演科普实验16场次,800多人次受益。

　　在为青少年上科普课,操作科学小实验的过程中,为增加趣味性,盛凯每次都会提前编制科普课件,反复琢磨讲什么、怎么讲。"尿不湿的秘密""倒不出的水""生活中的静电"等科学小实验,让繁荣村的孩子们开阔了眼界,增长了见识。3年来,盛凯在村里开展的气象科普、宇宙科普、化学科普等科普宣传,在孩子们心中种下一颗颗科学的种子。

　　12岁的阿卜杜许库尔·阿尤普以前爱玩电子游戏,现在他对人工智能、无人机等科学实验特别感兴趣。每次在演示操作环节,他都积极上台参与,同时担任小小科技讲解员,经常和同学在村里的"科普课堂"上献上一场场生动的科普实验秀。

　　"科普发挥的作用是润物无声的和长效的。"新疆维吾尔自治区科协驻繁荣村第一书记、"访惠聚"工作队队长海萨尔·夏班拜说,今后工作队还将深化科普志愿服务,加强科普理念与科普手段的创新,让科普资源发挥更充分、更科学、更有活力,让科普知识惠及更多村民。

(摘编自天山网,2023年7月)

二、科普讲解的技巧

　　科普讲解的技巧是科学普及工作中的重要组成部分,有效的讲解技巧能够增强受众对科学知识的理解和兴趣,推动科学文化的传播和发展。以下是对科普讲解技巧的详细阐述,涵盖多个方面和具体方法。

(一)了解受众与选题策略

1.明确目标受众

　　科普讲解的首要任务是了解受众。不同的受众群体,如儿童、青少年、成人或专业领域的人员,对科学知识的接受程度和理解能力都有所不同。因此,科普讲解者需要根据受众的特点调整讲解内容和方式。例如,面对儿童时,可以使用更多直观的教具和生动的语言;面对专业领域的人员时,则可以深入探讨专业细节。

2.精准选题

选择一个合适的主题是科普讲解成功的关键。主题应具体、明确,避免过于宽泛或难以理解。同时,主题应具有吸引力,能够激发受众的兴趣。可以从当前社会热点、科技进展或受众普遍关心的问题中选取主题。

(二)内容准备与结构优化

1.内容实用性

科普讲解的核心在于内容的实用性。确保受众能够轻松理解、快速掌握,并能够有效应用所学知识。因此,在准备内容时,要注重知识的实用性和可操作性,避免过于理论化或抽象化。

2.结构清晰

科普讲解的内容应具有清晰的逻辑结构,包括引言、主体和结论三个部分。引言部分应简要介绍主题和背景,引起受众的兴趣;主体部分应详细阐述科学原理、现象或应用;结论部分应总结要点,强调科学知识的重要性和应用价值。

3.数据准确

引用的数据和事实必须准确无误,以确保科普内容的科学性。在准备数据时,要核实来源,避免传播错误或不实信息。同时,数据应具有代表性和说服力,能够支持讲解中的观点和论据。

(三)语言表达与沟通技巧

1.通俗易懂

避免使用过于专业或复杂的术语,用通俗易懂的语言表达科学概念。可以通过比喻、举例等方法帮助受众理解。例如,用"沙漏"来比喻细胞膜的通透性,可以帮助受众理解细胞膜的选择通透性。

2.生动有趣

通过有趣的例子、故事或互动环节增加讲解的趣味性和互动性,提高受众的参与度和兴趣。例如,可以讲述科学发现的过程、科学家的人生故事或科学原理在实际生活中的应用,让受众在故事情节中自然地吸收科学知识。

3.节奏与情感

掌握好语速和语调,使讲解更具有吸引力和感染力。在讲解中融入情感,使内容更具有说服力和感染力,引起受众的共鸣。同时,要注意观察受众的反应,及时调整讲解节奏和方式。

(四)多媒体辅助与演示技巧

1.多媒体辅助

合理运用图片、视频、动画等多媒体手段可以增强讲解的直观性和互动性。例如,通过 3D 动画展示细胞的结构和功能,可以让受众更直观地感受微观世界;通过视频展示天体的运动,可以让受众更直观地了解宇宙的奥秘。

2.实物与模型演示

使用实物或模型进行演示,可以直观地展示科学现象和原理。例如,通过现场实验演示化学反应的过程,可以让受众目睹科学现象的发生;通过模型展示地球的内部结构,可以让受众更直观地了解地球的构造。

(五)互动与参与策略

1.提问与回答

在讲解过程中,可以适时提出一些问题,引导受众思考,并鼓励受众提问和讨论。通过问答环节,可以实时了解受众的理解程度,并据此调整讲解节奏和深度。同时,问答环节也可以激发受众的好奇心和求知欲,使他们更加主动地参与学习过程。

2.游戏与竞赛

设计一些与科学知识相关的游戏或竞赛活动,让受众在游戏中学习科学知识,增加学习的趣味性。例如,可以设计一些科学谜语、科学小实验或科学竞赛等活动,让受众在参与中感受科学的魅力。

3.实验与操作

通过现场实验或动手操作活动,让受众亲身体验科学原理。例如,可以组织一些简单的科学实验活动,让受众亲手操作实验器材,观察实验现象,从而加深对科学原理的理解。

(六)情感连接与鼓励探索

1.情感连接

通过与受众建立情感连接,可以增强讲解的感染力。讲解者可以通过个人经历、幽默感或情感表达等方式,使受众在情感上与科学知识产生联系,从而提高学习效果。例如,可以分享一些自己在学习科学过程中的趣事或感悟,让受众感受到科学的乐趣和魅力。

2.鼓励探索

在科普讲解中,不仅要传递科学知识,还要激发受众的好奇心和探索欲。可以通过提出一些开放性问题或鼓励受众进行相关的实验和探索活动,引导受众主动思考和实践。例如,可以提出一些与日常生活相关的科学问题,让受众思考并尝试解决;或者提供一些简单的科学实验方案,鼓励受众在课后进行尝试和探索。

(七)持续学习与反馈改进

1.持续学习

科普讲解者需要不断学习新的科学知识,关注科学领域的最新进展,以保持内容的更新和吸引力。同时,也要学习新的讲解技巧和方法,不断提高自己的讲解水平。

2.反馈改进

在讲解结束后,要收集受众的反馈意见,并对讲解效果进行评估。通过反馈意见,可以了解自己的优势和不足,为今后的科普工作提供宝贵的经验。同时,也要根据受众的需求和兴趣,不断调整和优化讲解内容和方式。

■ 拓展阅读

如何做好科普讲解

刘 菲

在2023年第十届全国科普讲解大赛中,我侥幸取得第一名的成绩。2024年,我以第十一届全国科普讲解大赛总决赛评委的身份,从另一个角度参与了这项高级别赛事。

一个优秀的科普讲解,首先要具备科普讲解的基本要素——科学和普及。很多讲解作品脱离了这条主线,变成某种政策的讲解说明、某个人物的传记宣扬、某项事物的特征描述,这都在不经意间脱离了科学的本质。在整个讲解过程中,大部分篇幅应描述科学道理,而非科学的特点、优势等。

其次,要注重普及的特点。何谓普及,就是让大众都能接受、都能理解。因此,选手需要进行科学的"翻译""编码",用自己的能力嫁接与听众的桥梁。这个桥梁越顺畅、通俗,讲解越加分。

有了科学和普及两个要素,科普讲解可以称得上合格。那么,如何向优秀的科普讲解发起冲刺?

第一,注意辅助讲解的多媒体作品。很多选手和单位不惜重金来打造多媒体作品,但是绚丽的视频并不能带给参赛选手更多分数,更重要的仍然是内容和表达。

第二,把握科学讲解的节奏和代入感。单调的旋律无法吸引人,演讲的4分钟必然要有起伏、过渡。最常见的问题就是,选手输出海量信息,导致全过程过于平淡,虽然讲得很好,但难以引发共鸣。

第三,拥有讲解领域相对充分的知识储备。科普的意义在于了解科学的基本原理,向大众完成科学"翻译"。因此,一定的"原文"储备是必要的,不需多,但不可无。

让作品有灵魂,也就是有感情。对科学知识、科学经历,选手要有发自内心的感悟,产生表达的冲动、情感的冲击,并让听众感受到这种冲击,从而形成共鸣,能做到这一层,其实可遇不可求。但机会只留给有准备的人,只有一直保持对科学的追求,对身边的人有一份分享的热情,才能抓住这种难能可贵的机会。

(摘编自中国科普网)

三、科普传播

随着科技的飞速发展,科普传播的媒介也在不断地丰富与演变,从传统的纸质媒介到现代的数字媒介,从单一的传播方式到多元化的互动模式,科普传播的媒介呈现出多样化、精准化和互动化的特点。

(一)传统媒介:科普传播的基石

传统媒介是科普传播的基础,主要包括书籍、报纸、杂志、广播、电视等。这些媒介在科普传播中发挥着不可替代的作用。

1.书籍

书籍是科普传播的重要载体,具有内容系统、知识全面、易于保存等特点。科普书籍通过深入浅出的方式,将复杂的科学原理、技术发明、自然现象等转化为通俗易懂的语言,使读者能够在阅读过程中轻松掌握科学知识。此外,科普书籍还常常配以精美的插图和图表,帮助读者更直观地理解科学内容。

2. 报纸和杂志

报纸和杂志是科普传播的另一种重要形式。它们通过定期发布科普文章、科学新闻、科技进展等内容,使读者能够及时了解科学领域的最新动态。报纸和杂志的科普内容通常具有时效性和针对性,能够针对公众关心的热点问题、社会现象等进行科学解读和剖析。

3. 广播和电视

广播和电视是科普传播的视听媒介,具有受众广泛、传播速度快、形式多样等特点。通过广播和电视,科学家、科普工作者可以制作科普节目、讲座、纪录片等,将科学知识以生动、形象的方式呈现给观众。这些节目不仅能够帮助观众了解科学原理、技术发明等,还能够激发观众对科学的兴趣和好奇心。

(二)数字媒介:科普传播的新篇章

随着互联网的普及和数字化技术的发展,数字媒介逐渐成为科普传播的重要力量。数字媒介具有信息量大、传播速度快、互动性强等特点,为科普传播提供了更加广阔的空间和更加丰富的形式。

1. 科普网站

科普网站是科普传播的重要平台。这些网站通常提供丰富的科普内容,包括科学原理、技术发明、自然现象、科学史等。通过搜索引擎、分类目录等方式,用户可以轻松地找到感兴趣的科普内容。此外,科普网站还常常提供互动功能,如在线问答、科普论坛等,使读者能够与科学家、科普工作者进行交流和互动。

2. 科普 App

科普 App 是近年来兴起的科普传播新形式。这些 App 通常具有界面友好、操作简便、内容丰富等特点。用户可以通过下载和安装科普 App,随时随地获取科学知识。一些科普 App 还提供互动功能,如虚拟实验、科学游戏等,使用户能够在娱乐中学习和掌握科学知识。

3. 数字出版物

数字出版物是科普传播的另一种重要形式。这些出版物通常以电子书、电子杂志等形式呈现,具有信息量大、易于携带、易于分享等特点。通过数字出版物,读者可以随时随地阅读科普内容,还可以将内容分享给朋友和家人,从而扩大科普传播的范围和影响力。

(三)社交媒体:科普传播的互动桥梁

社交媒体是近年来兴起的科普传播新渠道。通过社交媒体平台,科学家、科普工作者可以与公众进行实时互动和交流,分享科学知识、解答公众疑问、传播科学精神。社交媒体具有受众广泛、传播速度快、互动性强等特点,为科普传播提供了更加便捷和高效的途径。

1.微博

微博是一种短文本社交媒体平台,用户可以通过发布微博、转发微博等方式进行信息传播和交流。在科普传播中,科学家、科普工作者可以通过微博发布科普内容、分享科学新闻、解答公众疑问等。同时,公众也可以通过微博向科学家、科普工作者提问和互动,从而加深对科学知识的理解和认识。

2.微信公众号

微信公众号是一种基于微信的社交媒体平台,用户可以通过关注公众号获取相关信息。许多科学家、科普工作者都建立了自己的微信公众号,定期发布科普内容、分享科学成果和心得。这些公众号通常具有内容丰富、形式多样、互动性强等特点,能够吸引大量读者关注和参与。

3.抖音等短视频平台

抖音等短视频平台是近年来兴起的社交媒体新形式。这些平台通过短视频的方式呈现内容,具有时间短、内容精练、易于传播等特点。在科普传播中,科学家、科普工作者可以通过制作短视频来介绍科学知识、展示科学现象等。这些短视频通常具有趣味性和吸引力,能够吸引大量观众观看和分享。

(四)互动媒介:科普传播的深度体验

互动媒介是科普传播中一种重要的形式。通过互动媒介,公众可以亲身体验科学原理、技术发明等,从而更加深入地理解和认识科学。互动媒介具有形式多样、体验性强等特点,为科普传播提供了更加生动和直观的方式。

1.科技馆和博物馆

科技馆和博物馆是科普传播的重要场所。这些场所通常设有各种科普展览和互动体验区,如科学实验、虚拟现实体验等。公众可以通过参观这些展览和体验区来亲身感受科学的魅力和力量。

2.各类科普活动

科普活动是一种重要的互动媒介,通常由科学家、科普工作者组织策划,旨在向公众介绍科学知识、传播科学精神。科普活动通常包括科普日、科技活动周、讲座、展览、竞赛等多种形式,通过参与这些活动和讲座,公众可以了解科学原理、技术发明等,还可以与科学家、科普工作者进行交流和互动。

3.在线互动平台

在线互动平台是近年来兴起的科普传播新形式。这些平台通过在线问答、科普论坛等方式为公众提供互动服务。公众可以在这些平台上向科学家、科普工作者提问和互动,从而加深对科学知识的理解和认识。同时,这些平台还可以为公众提供科普资源分享、科普活动组织等服务。

■ **拓展阅读**

全国科普日来了！中国科技馆开展系列活动

9月15日至25日,2024年全国科普日活动将在全国开展。中国科技馆以策源、融合、汇聚三个关键词推出展览、音乐会、舞台剧等形式多样的科普活动,努力提升全民科学素质,协力建设科技强国。

策源,即锚定科技强国新目标,汇聚科普新动能,将中国科技馆打造成展教研一体化策源地;融合,即科技和文化的融合;汇聚,即搭建平台,吸引更多的科技工作者、科学家参与科普工作。

1.科学家与青少年共筑未来暨"同上一堂科学课"主题活动

科普日期间,面向科技前沿,邀请科学家与青少年手拉手开展项目式教学。活动基于真实科学研究情境导入,围绕"建设具有一定真实功能的外星科考站"任务,招募心怀梦想、热爱科学、具备探索精神和实践毅力的青少年参加挑战,与优秀的科学家、工程师一起设计、建构自己的大科学、大工程装置。

活动过程将围绕"科学思维和方法"训练与培养的核心目标,以跨学科学习、项目式学习为教学理念,重点组织青少年,尤其是初中生广泛参与,联动科学家、工程师、教育专家、科技教师队伍,助力科技创新人才的早期培养。

围绕"建设外星科考站"选题,活动汇聚科学家们的前沿科技成果,展示最新的理论研究和技术应用,包含 FD-09 低速风洞模型展示、户外自重构蜗牛机器人集群实物展示、齿肋赤藓(具备火星生存能力)实物展示、"行星风假说"模型展示以及月壤水分子研究成果展示。

2."星耀中国　科创未来"系列展览持续展出

中国科技馆"星耀中国　科创未来"系列展览,包含"共和国血脉""无声的惊雷""拳拳报国芯""向南极出发"四套展项。该展览以科技创新为主线,聚焦一代又一代科学家投身科技报国、科技强国伟大事业的接续奋斗历程,展示 75 年来所取得的一系列令世界瞩目、令国人自豪的伟大成就和关键核心技术突破,弘扬大庆精神、"两弹一星"精神、科学家精神等。

3.首次推出《华夏之光——文明的烛火》沉浸式舞台剧

据了解,该剧以天关客星和蟹状星云的关系为引子,以古今大科学装置——水运仪象台和拉索(LHAASO)观测站为载体,以北宋苏颂等科学家和当今科技工作者之间跨时空交流为线索,通过古今中外科学文化交融事件以及北宋时期以天文学为代表的中国古代科学的璀璨盛况,展现华夏文明开放包容的文明特质以及对世界文明发展的贡献,以古喻今,彰显当代科技工作者坚守"以人民为中心"的发展理念,万众一心实现科技自立自强的精神风貌。

该剧包括两部分:一是沉浸式实景剧,在中国科技馆华夏之光展厅以及公共空间区域进行实景化表演,营造沉浸式观演体验。二是沉浸式舞台剧,在中国科技馆多功能厅,通过多空间舞台、场景化舞美、互动式表演、故事化戏剧化连贯性剧情,采用声、光、电、舞、美、化结合的手法,打造剧场沉浸式演出。

4.首次举办"未来之声——AIGC 音乐科技之夜"AI 音乐会活动

该活动由中国科技馆联合中国科学技术大学等共同举办,旨在通过 AI 技术与音乐的深度融合,多维度、多层次地展示科学与艺术、科学与文化的融会共生,拓展人工智能时代的艺术视野,探索科学文化传播的新路径,激发年轻一代的创新思维。

活动分为"星际起航""时光织梦""心灵家园""未来交响""星际回声"五个篇章,通过音乐讲述科技与艺术融合的故事。包括 AI 声音景观、AI 音乐科普故事、AI 虚拟合唱等,并与中国科技馆经典展品深度结合,呈现和谐、炫酷、华丽的视觉效果,打造沉浸式观演体验。

5.举办"论道科普"展览创新系列沙龙

"论道科普"展览创新系列沙龙致力于打造展览创新交流的开放性平台,每期聚焦一个话题,邀请不同领域的专家共话科普。科普日期间,将以"科技博物馆的未来:破壁·跨界·升维"为主题,邀请国内外科普场馆,以及科技、文化、艺术与教育领域等专家,以理念革新、破壁跨界为战略核心,贯通科学教育、人才培养、精神养成、文化涵养,探讨科技博物馆的未来发展,探索科技馆行业创新转型的路径和机制,全面推进现代科技馆体系建设,助力高水平科技自立自强。

据了解,截至目前系列沙龙已举行六期活动,围绕"科幻主题展览创作""基础科学的科普新表达""国际视角下的科技馆展览展品创新模式""围绕儿童教育的科技馆展览创新""科普新格局下的泛在科技馆构建"等主题展开探讨。

6.推出《北辰对话》访谈栏目

作为中国科技馆精心策划的对谈栏目,《北辰对话》聚焦科学文化领域前沿观点和热点话题,在对话和交流中探寻科学文化的北辰之光。节目开启全新的"线上+线下""对谈+互动"模式,由中国科技馆专家担任话题召集人,邀请跨领域专家学者共享观点、洞察本源、引发思辨,通过精品影视产品,为高水平科技自立自强提供文化滋养。

《北辰对话》科学文化栏目拟推出"数学之道"节目,将围绕"数学之美""数学文化历史典故""以数学为代表的基础科学教育面临的机遇和挑战"等展开,旨在激发公众的好奇心、想象力和创造力,引导公众感悟科学的力与美,在全社会营造科技创新氛围。

此外,"国家最高科学技术奖获奖科学家手模墙"完成更新,增添了2023年度国家最高科学技术奖获得者李德仁、薛其坤院士的手模和寄语,正式面向公众开放。

预计到2024年中秋节期间,中国科技馆全年接待观众将突破400万人次,其中18岁以下的青少年占48.4%。中国科技馆自1988年正式开馆以来,已累计接待观众超过7000万人次,一直将呵护青少年的好奇心、激发青少年对科学的兴趣作为重要职责和使命。

(摘编自光明网,2024年9月15日)

在信息时代脱颖而出 优质科普需借力新传播手段

孙正凡 中国科普作家协会会员

一部优秀的科普作品,最关键的是要体现科学精神。但我们的科普仍然倾向于描写"技"与"物",离科学本身还比较远。无论是重大的科学创新还是科普水平的提高,都有待于把科学精神内化进我们的文化之中。

那么,我国优质的原创科普作品较少的原因是什么?该如何利用现代科技手段打造优质科普作品?

传统科普应与新媒体跨界融合

"在当前新媒体技术手段快速发展,互联网技术深度影响人类阅读行为和习惯的时代,将新媒体技术手段与传统科普图书相结合是必然趋势。"胡红亮表示,但要注意充分发挥传统图书深阅读、厚体验的特点,利用新媒体浅阅读,传播效率高,传播范围广,呈现形式生动、灵活、丰富,内容更新效率高且成本相对低等优势,弥补传统图书在知识更新效率低、内容拓展难、展示形式单一等方面的不足,充分发挥两种媒体平台的优势,进行深度融合,构建传统科普出版与新媒体跨界平台化融合的大格局。

胡红亮呼吁,还要利用新媒体技术手段和平台进一步拓展传统图书的发行营销渠道。探索打造集聚优秀科普创作人才、以传统纸质图书创作为基础、以扩展延伸内容为辅助、以新媒体传播技术为手段、以互联网平台为载体的融媒体科普传播立体化系统。

"过去限于技术水平和成本,我们对科学普及的理解有一个重要的缺失,那就是我们对受众的理解是不够的,导致目前有很多出版社出了很多书,但是却并不知道读者是谁,没有读者画像。"孙正凡说,"新的技术媒介,让我们拥有了便利的交互手段,也让读者对内容有了选择权。这种互动,一方面迫使科学传播工作者主动去了解受众,创作适合受众理解水平、市场细分的科普作品。反过来受众和市场也可以帮助我们快速地遴选出优秀的科普作品和科普人。"

郑军认为,在不远的将来,作为科学普及内容的"科学"将从科学知识转换成科学行为。科普的任务不仅仅是传递知识,更要塑造科学行为。这包括科学的工作方式、在科学指导下的生活方式、看待世界的科学方式等。而这一定要由动态的、参与式的项目才能完成。

"未来重要的科普形式可能是研学、科普旅游、工业旅游、综合或单一学科的科技馆、开放实验设备让公众参与等。"郑军指出,人们将在对科学的实际参与或者模拟参与中学习科学。科普事业发展的前提,就是提供课堂教学提供不了的实践场景,否则,将在信息爆炸的时代失去价值。

(摘编自新华网)

📄 课堂反馈

1. 什么是科普讲解?

2. 科普讲解的特点有哪些?

3. 简单介绍科普讲解有哪些作用?

4. 在当下这个数字化时代,科学传播的媒介发生了哪些变化?

5. 阅读以下案例,回答问题。

(1)阅读并分析案例4-2,谈一谈湖南铁路科技职业技术学院在开展科普传播的过程中,采用了哪些传播媒介?

(2)案例4-3 和案例4-4 均是来源于第九届全国科普讲解大赛总决赛的获奖作品,你更喜欢哪个科普作品呢? 请你对这两个案例进行赏析。

案例 4-2

赞! 湖南铁科职院被授牌"全国铁路科普教育基地"

近日,在中国铁道学会、中国铁道博物馆联合举办的2024 年全国铁路科普日主场活动中,湖南铁路科技职业技术学院(简称湖南铁科职院)被授牌"全国铁路科普教育基地"。

近年来,湖南铁科职院高度重视科普工作,建成了"线下"与"线上"相结合的轨道交通科普教育基地。其中,线下场所涵盖铁路文化展示馆、轨道交通国际共享综合实训基地、火车头党建主题公园等;线上阵地包括校园网"科普基地"专栏及微信小程序、"铁路时空数字博物馆""科普中国""科普株洲"等。

该校轨道交通科普教育基地逐渐成为展示铁路发展历史和文化精神的窗口、开展专业培训和国际交流的平台、举行各级各类科普活动的载体:每年开展轨道交通科普知识竞赛、讲解大赛和科普作品评选活动,年均参与人数 2 万人次;近三年,全校原创科普作品 121 件,其中获省科技厅、省社科联科普作品奖 19 项;组织新生参观科普基地,助力"双减"接待中小学生科普研学活动,年均接待人数 5000 人次;定期开展"科普进乡村、进社区"活动,为广大市民、中小学生开展科普讲座、流动科普展并捐赠科普书籍;积极参加"科技活动周""科普活动日"活动;定期开展科普团队建设活动,组织举办科普讲解员培训、科普专家研讨活动;开展科普课题研究,立项科普专项课题 7 项。

该校将以此次授牌为契机,进一步加大科普宣传力度,持续开展特色鲜明、形式多样的科普活动,推动科普教育活动常态化、长效化,同时积极与企业、社会机构合作,不断提升社会影响力,增强科普辐射力度,助力市民,特别是青少年科学素质和创新实践能力的培养提升,为加快建设教育强国、科技强国、人才强国贡献力量。

(摘编自《三湘都市报》)

案例 4-3

"祝融号"的极限生存挑战

李虹佳 中国地质大学逸夫博物馆

火星,这颗神秘的红色星球一直以来被人赋予特殊的意义。在人类极为有限的太空探索能力中,它一直是科学家梦寐以求的地方。

2021 年 5 月 15 日,"天问一号"带着国人的无限好奇与美好的祝福成功抵达目的地——火星,在这里我们的"祝融号"火星车将开始历时 92 天的极限生存挑战。

"祝融号"火星车将面临哪些严峻考验呢?首当其冲的就是能源问题。"祝融号"火星车选择太阳能作为能量来源。然而,在火星上获取太阳能可不是一件易事,要知道,从火星到太阳的平均距离是地球到太阳的平均距离的 1.5 倍以上,因此火星的太阳辐射能量只有地球的 40% 左右。为此,"祝融号"火星车专门配备了 4 个大翅膀、3 节砷化镓太阳能电池阵列。这种装置可以将光电转化率由 16% 提高到 32%,同时可以被制成各种形状和结构,在这里它被做成蝴蝶的形状,排列在"祝融号"两侧,为"祝融号"提供充足的能源供给。

然而,火星车面临的挑战远远不止能源问题。火星上漫天蔽日的沙尘暴会大大降低太阳能板的工作效率,为了应对这一考验,我们的科学家特意采用了电除尘技术和特殊涂层,相当于给火星车穿上了一件滑溜溜的防尘外衣,从而减轻了尘埃的烦恼,必要时"祝融号"火星车还会暂时进入休眠状态,直到沙尘暴结束后才被重新唤醒,开始探测工作。

在深沟高堑、乱石嶙峋的火星表面,巡视探测可不是一件易事,火星表面坚硬的岩石或松软的砂砾会逐渐破坏火星车的动力系统,为了应对各种难以预料的突发状况,"祝融号"火星车的设计运用了主动悬架结构,通过其中的夹角调整机构,调整车体的角度和高度,从而使火星车主动抬起车身躲避障碍。在主动悬架的基础上,科学家还创新研发了轮步式移动系统,也就是说,依靠这 6 个能独立行动的轮子,"祝融号"火星车不仅能够走直线、原地转向、边走边转向,还能够蠕动和横行,这样不仅能够避免火星车在难以翻越的沙质陡坡中陷车,还能够避免火星车在布满石块的平原上脱底,从而更好地适应火星的表面环境。此外,火星表面环境恶劣,昼夜温差极大,最高温度 25 摄氏度,而最低温度可达零下 110 摄氏度。为了隔热保温,"祝融号"火星车采用纳米级气凝胶和正十一烷集热窗等技术,确保火星车可以安全无虞地度过漫漫长夜。

"祝融号"火星车将面临的磨难远远不止这些,但是我相信,在日益强大的科技支撑下,它一定能载着 14 亿中国人的梦想,以稳健的步伐,为我们揭开火星的神秘面纱,用孜孜不倦的探索带我们走向星辰大海的浩瀚征途。

(摘编自第九届全国科普讲解大赛总决赛,教育部代表队)

案例 4-4

破 冰 前 行

白响恩　上海海事大学

2012 年 8 月 30 日凌晨 4 点,我驾驶着中国极地科考破冰船"雪龙"号在北极点附近航行。突然,船不动了,我们反复尝试让船只继续前进,但是没有效果。这让我想到了 1912 年有一艘叫"圣安娜"号的船,它就是在北极点航行的时候被冰困住,最后船毁人亡。因此,我们必须尽快破冰突围!

那么，破冰船该如何破冰呢？"雪龙"号采用的是船艏破冰方式。大家请看，这是当天"雪龙"号在雷达上的破冰轨迹回放，刚开始我们走的几乎是直线，因为遇到的海冰很薄，所以船舶可以通过自身前进的动力，像一把利刃把冰面给切开，这就是"连续式破冰法"。

然而，接下来，来来回回十分曲折，因为我们遇到了冰脊。冰脊就好比是一座小型的冰山，在水面以下暗藏着一堵冰墙。想要把这一堵冰墙给击碎就需要先倒退一段距离，利用船舶向前的冲量把冰脊撞碎，这就是"冲撞式破冰法"。

当我们遭遇到第三道冰脊时，不幸被冰卡住了，并且还有两个气旋把我们刚刚压碎的冰聚拢到船尾，这也是我们最担心的一种情况，因为"雪龙"号没有船尾破冰功能，所以我们只能被困在冰中，随冰漂流。在这期间，我们尝试了"摇摆式破冰法"，在船的前后左右各有几个压载水舱，我们可以把船首的水抽到船尾，或者把左舷的水抽到右舷，像跷跷板或不倒翁那样来调整船舶的运动姿态，从而把冰脊给压碎，这就是破冰船常用的三种破冰方法。

虽然"雪龙"号脱困了，但我们用了整整10小时。

"雪龙"号返航后，我国在设计建造新一代科考破冰船的过程中，重点论证了船尾破冰的可能性。终于在2019年7月，"雪龙2"号诞生了，它是中国第一艘自主建造的极地科考破冰船，更是全球首艘实现了船首和船尾双向破冰的破冰船。

这时你要问了，尾部是如何破冰的呢？我们并不是用船尾直接撞冰，而是利用船尾的两台全回转电推式螺旋桨来破冰。它们高速旋转时就好比两台抽水机，以强大的水流形成水体低压区，多向回转抽吸式破冰，同时这股水流还将包裹在船身表面，起到润滑的作用，减少船舶与海冰之间的摩擦，让船可以快速移动。此外，当船舶的尾部被海冰困住时，它们还会像碎冰机那样把冰脊直接削碎，这就是中国自主创新面向极地复杂冰况的第四种破冰方案。

作为中国第一位驾驶"雪龙"号穿越北冰洋的女航海驾驶员，我见证了中国两代极地科考破冰船的变迁。未来，两艘姊妹船将继续承载着中国人探索极地的梦想，在科技强国、海洋强国的道路上劈波斩浪，破冰前行。

（摘编自第九届全国科普讲解大赛总决赛，交通运输部代表队）

科普实践

1. 实践目标

（1）掌握科普讲解的技巧。

（2）能完成一次科普讲解。

2. 实践内容与要求

（1）请同学们在下面列举的主题中选择，依据提示完成一次4分钟以内的科普讲解，要求内容科学、准确，保证作品原创，语言通俗易懂，表达流畅，仪态得体。也可以依据所学专业知识，自选科普主题。

（2）同学们自行组队，5人一组，要求组内分工明确，发挥各自所长。

主题示例：

1）碳中和

（1）国家（企业、产品、活动或个人）等在一定时间内（直接或间接）产生的二氧化碳（温室气体）排放总量，通过植树造林、节能减排等形式，以抵消自身产生的二氧化碳（温室气体）排放量，达到相对"零排放"。

（2）"碳"是指二氧化碳，是石油、煤炭、木材等由碳元素构成的自然资源。在工农业生产、交通运输等活动中都会产生以二氧化碳为主的温室气体，这些温室气体的总量就叫作碳排放量。

（3）"中和"是指正负相抵。排出的二氧化碳（温室气体）被植树造林、节能减排等形式抵消，这就是所谓的"碳中和"。

碳达峰指的是碳排放进入平台期后，进入平稳下降阶段。碳达峰与碳中和一起简称"双碳"。

（4）人类活动使二氧化碳（温室气体）不断增加，全球气候变暖，造成冰川冻土消融、海平面上升等后果，危害自然生态系统的平衡，威胁着人类的生存。实现碳中和，可以有效控制温室气体总量，减缓全球变暖。

每个人都应身体力行，为实现碳中和作出贡献。

2）生物多样性

（1）生物多样性是指生物及其环境形成的生态复合体以及与此相关的各种生态过程的综合体现，它包括动物、植物、微生物和它们所拥有的基因，以及它们与其生存环境共同构成的复杂的生态系统。生物多样性包括遗传多样性、物种多样性、生态系统多样性三部分。遗传多样性是指地球上生物所携带的各种遗传信息的总和。一个物种所包含的基因越丰富，它对环境的适应能力越强。物种多样性是指地球上动物、植物、微生物等生物种类的丰富程度,是生物多样性的核心,包括区域物种、生态多样性。生态系统多样性主要是指生态系统的组成、功能、各种生态过程的多样性。

(2)20世纪以来,人类社会面临人口、资源、环境、粮食、能源等五大危机,其解决办法都与生态环境的保护以及自然资源的合理利用密切相关。

(3)1992年6月,联合国环境与发展大会签署第一个《生物多样性公约》,1992年11月,中国加入《生物多样性公约》。

(4)20世纪80年代后,人们认识到自然界中各物种之间、生物与周围环境之间存在着密切联系,自然保护仅仅着眼于对物种本身进行保护是不够的。要拯救珍稀濒危物种,重点保护野生种群及栖息地,对物种所在的整个生态系统进行有效的保护,共建地球生命共同体。生物多样性的概念便应运而生。

我们每个人都应该做生态多样性的践行者,保护我们的家园。

3)生物防治

(1)生物防治是指利用一种生物对付另外一种生物的方法。分为以虫治虫、以鸟治虫和以菌治虫三大类。它是降低杂草和害虫等有害生物种群密度的一种方法。它利用了生物物种间的相互关系,以一种或一类生物抑制另一种或另一类生物。它的最大优点是不污染环境,是农药等非生物防治病虫害方法所不能比的。

(2)在中国有悠久的历史,公元304年左右晋代嵇含所著的《南方草木状》和公元877年唐代刘恂所著的《岭表录异》都记载了利用一种蚁防治柑橘害虫的事例。19世纪以来,生物防治在世界许多国家有了迅速发展。

(3)生物防治的方法有很多。

①利用天敌防治应用最为普遍:捕食性生物,例如瓢虫、蜘蛛、蛙及许多食虫益鸟等;寄生性生物,包括寄生蜂、寄生蝇等;病原微生物,包括白僵菌等。

②抗性作物,即选育具有抗性的作物品种防治病虫害。

③耕作防治,耕作防治就是改变农业环境,减少病虫害的发生。

(4)通过生物防治,可以提高生态中的天敌丰富度、多样性和控害能力,激活生态系统的自我调控机制,使生态系统逐步恢复生态平衡,达到"有虫不成灾"的控害效果,实现有害生物的可持续控制。

3. 实践成果

（1）科普讲解稿件 1 份。

（2）科普讲解 PPT 1 份。

（3）录制科普讲解视频 1 份。

4. 实践考核与评价

实践考核细则见表 4-1。

实践考核细则   表 4-1

评价指标	评价标准	分值(分)	得分(分)
整体形象	衣着得体、精神饱满	5	
	举止大方、自然协调	5	
表达效果	通俗易懂、深入浅出	15	
	张弛有度、侧重讲解	15	
	发音标准、吐字清晰	10	
内容陈述	科学准确、重点突出	30	
	主次分明、详简得当	10	
	层次清楚、合乎逻辑	10	
合计		100	

注：若存在以下行为，则实施一票否决，课程考核成绩计为不合格。

（1）不认同科学精神，在作品创作中故意与之背离，且拒绝改正。

（2）故意不按要求、规则、规范进行作品创作，且拒绝改正。

模块五

科普产业经营与管理

学习目标

1.知识目标

(1)了解科普产业的定义、范围及发展现状。

(2)掌握科普产业经营的策略。

(3)熟悉科普产业管理的方法。

2.能力目标

(1)能够分析不同科普产业项目的特点,选择合适的经营策略。

(2)具备对科普产业项目进行有效管理的能力,包括人员、资金、资源等方面的管理。

(3)灵活运用所学知识解决科普产业经营与管理中的实际问题。

3.素质目标

(1)树立科普产业的社会责任意识。

(2)培养创新思维与跨界整合能力。

(3)加强团队协作与职业道德素养。

问题驱动

科普主题公园的成功运营之道

在某城市中有一座以科普为主题的大型公园,它集科普教育、休闲娱乐、科技体验于一体,吸引了大量游客。公园内设置了多个不同主题的科普展区,如航空航天、海洋生物、生态环境等,每个展区都通过互动体验、多媒体展示等方式,让游客在游玩中学习科学知识。此外,公园还定期举办科普讲座、科学实验表演等活动,进一步增强了科普教育的效果。经过多年的运营,该科普主题公园不仅成了当地的热门旅游景点,还获得了多项科普教育相关的荣誉,成了科普产业成功运营的典范。

引导问题:

1.该公园如何通过"航空航天展区"的互动装置(如失重模拟体验)实现科学思想传播与商业收益的双重目标?

2.在商业盈利模式上,除门票收入外,哪些衍生价值开发路径(如科普IP授权、研学课程定制)可增强抗风险能力?

理论导航

一、科普产业概述

(一)科普产业的定义与范围

科普产业是以普及科学知识、传播科学思想、弘扬科学精神为目的,通过各种形式的产品和服务,将科学文化转化为经济效益和社会效益的综合性产业。它不仅关注科学知识的传播,还强调通过创新的商业模式和运营策略实现可持续发展。

1.科普出版

科普出版包括科普图书、科普杂志、科普电子书、科普音频和视频等。这些产品通过文字、图片、音频和视频等多种形式,向公众传播科学知识。例如,《时间简史》通过通俗易懂的语言,将复杂的宇宙学知识介绍给普通读者,成为科普图书的经典之作。

遵章守纪

某知名出版社严格执行《科普出版物内容审核标准》,所有图书均需通过"作者自查—学科专家盲审—编委会终审"三级审核流程。其《航天科技入门》一书因科学表述严谨,获国家新闻出版署"优秀科普读物"称号,树立了行业规范标杆。

2.科普展览

科普展览如科技馆、博物馆、科普主题公园等场所举办的各类展览。这些展览通过实物展示、互动体验、多媒体演示等方式,增强公众对科学的兴趣和理解。例如,上海科技馆通过互动体验和多媒体技术,让观众在参观过程中学习科学知识。

3.科普影视

科普影视包括科普电影、科普纪录片、科普动画片等。这些影视作品通过生动的画面和故事,向观众传递科学知识,激发公众对科学的探索欲望。例如,《蓝色星球》系列纪录片通过高清的画面和生动的解说,展示了海洋生物的奇妙世界。

央视纪录片《超级工程》系列被译制成 36 种语言,在 127 个国家播出,创下单集全球收视 1.7 亿人次的纪录。该片通过展现中国基建科技实力,打破西方技术垄断叙事,获得国际纪录片协会"最佳科学传播奖"。

4.科普旅游

科普旅游结合旅游活动,开发以科普为主题的旅游项目,如参观科研机构、自然保护区、天文台等。通过实地考察和体验,让游客在旅游过程中学习科学知识。例如,云南的石林景区通过科普讲解,让游客了解地质学知识。

5.科普教育服务

科普教育服务包括科普讲座、科学实验课程、科普夏令营等。这些服务通过专业的教育机构和人员,为不同年龄段的受众提供系统的科普教育。例如,某科普教育机构定期举办科普讲座,邀请科学家为公众讲解最新的科研成果。

(二)科普产业的发展现状

近年来,随着人们对科学知识需求的增加以及国家对科普工作的重视,科普产业呈现出快速发展的态势。越来越多的企业和机构开始涉足科普领域,开发出各种形式的科普产品和服务,满足不同人群的需求。同时,政府也出台了一系列政策支持科普产业的发展,为科普产业的繁荣提供了有力保障。

1.发展趋势

1)需求增长

随着社会的发展和人们生活水平的提高,公众对科学知识的需求不断增加。越来越多的人希望通过各种渠道获取科学知识,提升自身的科学素养。例如,近年来,科普图书的销量逐年增长,反映出公众对科学知识的强烈需求。

2)技术创新

新媒体技术、虚拟现实(VR)、增强现实(AR)等新兴技术的应用,为科普产业的发展提供了新的手段和平台。这些技术不仅丰富了科普产品的形式,还提高了科普内容的趣味性和互动性。例如,某科普展览通过 VR 技术,让观众身临其境地体验太空探索。

3）政策支持

国家和地方政府出台了一系列政策支持科普产业的发展。这些政策包括财政补贴、税收优惠、项目资助等，为科普产业的繁荣提供了有力保障。例如，某地方政府设立了科普产业专项基金支持科普项目的发展。

⌁ 科学处事 ——————

浙江省实施"科普助力乡村振兴"计划，3 年内建成 200 个村级科普 e 站，培训新型职业农民 15 万人次。某茶乡通过科普讲座掌握生态种植技术，农药使用量减少 60%，茶叶出口单价提高 3 倍，获得联合国粮农组织"全球农业遗产"认证。

4）市场拓展

科普市场的不断扩大，吸引了更多的社会资本投入，推动了科普产业的多元化发展。例如，某科普影视公司通过与社会资本合作，制作了多部高质量的科普纪录片。

2. 主要领域的发展现状

1）科普出版

近年来，科普出版领域呈现出蓬勃发展的态势，科普图书和杂志的出版数量逐年攀升，内容涵盖的学科范围和主题深度不断拓展，从基础科学知识普及到前沿科技动态解读，从儿童科普启蒙到专业科普读物，应有尽有，满足了不同年龄段、不同知识层次读者的需求。

在传统出版形式稳步发展的同时，电子出版物的兴起为科普出版注入了新的活力，开辟了更广阔的发展空间。电子书、在线期刊、科普类 App 等多种数字化出版形式应运而生，它们凭借便捷的获取方式、丰富的多媒体呈现形式以及个性化的阅读体验，深受广大读者喜爱。以某知名科普出版社为例，该出版社敏锐地捕捉到数字化阅读的趋势，积极布局电子出版领域。他们精心打造了一系列科普电子书，内容涵盖了自然科学、社会科学、工程技术等多个领域。这些电子书不仅保留了纸质书的优质内容，还通过添加音频讲解、视频演示、互动问答等多媒体元素，让读者能够更加直观地理解复杂的科学知识，极大地提升了阅读体验。

同时，该出版社还推出了专门的科普阅读 App，整合了旗下所有的电子出版物资源,为读者提供了一个便捷的阅读平台。读者可以在 App 上随时随地浏览和购买科普电子书,还可以根据自己的兴趣和阅读进度,设置个性化的阅读计划。此外,App 还设置了互动社区,读者可以在这里与其他科普爱好者交流心得,分享阅读体验,甚至可以向作者提问,获得专业的解答。

这种数字化转型不仅满足了读者日益增长的数字化阅读需求,还为科普出版带来了新的增长点。通过电子出版物的销售和订阅服务,出版社能够扩大其市场覆盖范围,吸引更多年轻读者和科技爱好者,进一步提升科普出版的社会影响力和经济效益。

2)科普展览

科普展览领域正经历着快速的发展与变革,其中科技馆和博物馆作为科普教育的核心场所,数量持续攀升,分布范围也日益广泛。这些场馆不仅在数量上有所增长,更在展览形式和内容上不断推陈出新,以适应现代观众对于科普体验的更高要求。

在展览形式方面,互动体验式展览正逐渐成为主流。传统的静态展示方式已难以满足观众对于参与感和体验感的追求,因此,越来越多的科技馆和博物馆开始引入各种互动元素。例如,一些科技馆设置了虚拟现实(VR)体验区,观众可以戴上 VR 头盔,仿佛置身于宇宙空间站、深海潜水艇或古代文明遗址之中,身临其境地感受科学的魅力。还有些展览通过增强现实(AR)技术,让观众通过手机或平板电脑扫描展品,就能看到展品的三维模型、动画演示以及详细的科普讲解,极大地丰富了展览的层次感和趣味性。

在内容创新方面,科普展览不再局限于传统的自然科学领域,而是开始涉及更多跨学科、跨领域的主题。例如,一些博物馆推出了以"科技与艺术融合"为主题的展览,展示了如何利用现代科技手段创作艺术作品,以及科技在艺术保护和修复中的应用。还有些展览聚焦于社会热点问题,如环境保护、人工智能伦理等,通过展览引导观众思考科技发展对社会和人类生活的影响。

以某大型科技馆为例,该馆在近期举办了一场名为"未来城市"的互动展览。展览通过一系列精心设计的互动项目,让观众在实践中学习科学知识。在"智能交通"展区,观众可以亲自操作模拟驾驶系统,体验自动驾驶技术的工作原理;在"绿色能源"展区,观众可以通过互动游戏了解太阳能、风能等可再生能源的利用方式;在"智能家居"展区,观众可以进入一个模拟的智能家居环境,通过语音控制家电设备,感受智能家居带来的便利。这些互动体验项目不仅让观众在参与中学习科学知识,还激发了他们对科技创新的兴趣和对未来生活的畅想。

此外,科普展览还注重与教育机构、科研单位以及企业的合作,共同打造更具深度和广度的展览内容。例如,某博物馆与一所高校的考古学系合作,举办了一场考古发掘成果展览。展览不仅展示了最新的考古发现,还通过现场模拟考古发掘场景、举办考古讲座和工作坊等形式,让观众深入了解考古学的研究方法和文化价值。这种合作模式不仅丰富了展览内容,还促进了科普教育与学术研究、社会应用的有机结合。

同时,科普展览也在积极探索与现代科技企业的合作,以展示最新的科技成果和应用案例。例如,某科技馆与一家知名科技企业合作,举办了一场人工智能主题展览。展览不仅展示了人工智能在图像识别、语音识别、自然语言处理等方面的技术成果,还通过与企业的合作,展示了这些技术在医疗、交通、教育等领域的实际应用案例。这种合作不仅让观众了解到最新的科技动态,还促进了科技成果的普及和推广。

科普展览的不断创新和发展,不仅为公众提供了更加丰富多样的科普体验,也为科普教育事业的发展注入了新的活力。通过互动体验和多媒体技术的引入,以及与教育、科研、企业等多领域的合作,科普展览正逐渐成为连接科学与公众的重要桥梁,激发着公众对科学的兴趣和探索欲望,推动着全社会科学素养的提升。

3)科普影视

近年来,科普影视领域取得了长足的发展,不仅作品数量显著增加,质量也有了大幅提升。科普影视作品涵盖了广泛的科学领域,从宇宙探索到微观世界,从自然生态到人类社会,为观众提供了丰富多彩的科学知识。

(1)高质量科普纪录片。一些高质量科普纪录片不仅在国内受到广泛欢迎,还在国际上获得了极高的评价。例如,《宇宙时空之旅》是一部由美国国家地理频道制作的科普纪录片,由著名天文学家尼尔·德葛拉斯·泰森主持。该科普纪录片通过高质量的画面和深入浅出的科学内容,将复杂的宇宙学知识呈现给观众,赢得了全球观众的喜爱。它不仅在科学传播上取得了巨大成功,还在多个国际电影节上获得了奖项,提升了科普影视作品的国际影响力。

在国内,科普纪录片也取得了显著进步。例如,《航拍中国》是一部由中央电视台制作的大型纪录片,通过航拍技术展示了中国各地的自然风光、人文景观和历史遗迹。该纪录片不仅画面精美,还融入了丰富的科学知识,如地理、气象、生态等,让观众在欣赏美景的同时,学习到科学知识。《航拍中国》在播出后获得了极高的收视率和良好的社会反响,成为国内科普纪录片的典范。

(2)科普动画片。科普动画片以其生动有趣的形式吸引了大量青少年观众。例如,《动物王国》是一部以动物为主题的科普动画片,通过卡通形象和生动的故事,向孩子们介绍了各种动物的生活习性和生态环境。该科普动画片不仅画面精美,还通过有趣的故事情节,让孩子们在娱乐中学习科学知识,激发了他们对自然科学的兴趣。

另一部优秀的科普动画片是《科学小侦探》,这部动画片通过一系列有趣的科学实验和侦探故事,向孩子们介绍了物理学、化学和生物学的基本原理。每个故事都围绕一个科学问题展开,通过小侦探的调查和实验,逐步揭示科学原理。这种创新的形式不仅让孩子们在观看过程中学习科学知识,还培养了他们的科学思维和探究精神。

(3)制作技术与内容创新。随着影视制作技术的不断进步,科普影视作品的画面质量和视觉效果得到了极大提升。例如,《蓝色星球》系列纪录片利用高清摄影技术和先进的特效制作,展示了海洋生物的奇妙世界。观众可以通过这些高质量的画面,仿佛身临其境地感受海洋的神秘和美丽。这种高质量的视觉体验不仅增强了观众的观看兴趣,也提升了科普内容的传播效果。

科普影视作品还通过多媒体融合的方式,进一步丰富了内容呈现形式。例如,一些科普纪录片在播放过程中,通过插入互动环节、专家讲解、观众反馈等方式,增强了观众的参与感和学习效果。同时,这些作品还通过社交媒体、在线平台等渠道进行传播,扩大了观众群体,提升了科普内容的影响力。

4)科普旅游

科普旅游作为一种新兴的旅游形式,近年来逐渐受到公众的青睐。这种旅游形式不仅为游客提供了休闲娱乐的机会,还通过科普教育的方式提升了游客的科学素养和环保意识。许多地方通过开发科普旅游线路和项目,将旅游与科普教育相结合,取得了良好的社会效益和经济效益。

(1)科普旅游线路的开发。

①自然保护区的科普旅游。自然保护区是科普旅游的重要场所之一。例如,某自然保护区通过开发科普旅游线路,让游客在欣赏自然美景的同时,了解生态保护知识。这些线路通常包括生态步道、观鸟点、科普展示中

心等设施。游客可以在专业导游的带领下,了解当地的生态系统、动植物种类以及生态保护的重要性。

②科技馆与博物馆的科普旅游。科技馆与博物馆也是科普旅游的重要组成部分。许多城市通过整合科技馆、博物馆、天文馆等资源,开发了科普旅游线路。例如,北京的科普旅游线路包括中国科技馆、国家博物馆、北京天文馆等。游客可以通过参观这些场馆,了解科学知识、历史文化以及宇宙奥秘。这些场馆通常设有互动体验项目,让游客在参与中学习科学知识。

(2)科普旅游项目的创新。

①互动体验项目。科普旅游项目越来越注重互动体验。例如,某海洋馆开发了"海底漫步"项目,游客可以穿上潜水服,进入海底隧道,近距离观察海洋生物。这种互动体验不仅增加了游客的参与感,还提升了科普教育的效果。此外,一些科普旅游项目还通过虚拟现实(VR)和增强现实(AR)技术,让游客体验到更加逼真的科学场景。

②主题活动与工作坊。科普旅游项目还通过举办主题活动和工作坊,增强游客的学习体验。例如,某天文馆定期举办"星空观测"活动,游客可以在专业天文学家的指导下,使用望远镜观测星空,了解天文学知识。此外,一些科普旅游项目还设有科学实验工作坊,游客可以亲自参与科学实验,学习科学原理。

🏆 行业榜样

敦煌研究院推出"数字敦煌"科普研学项目,考古学家带队讲解壁画修复技术,游客可亲手参与数字化采集。该项目收益的30%用于洞窟保护,实现"以游养保"新模式,入选文化和旅游部"文旅融合创新示范项目"。

5)科普教育服务

科普教育服务领域正在不断创新和拓展,其形式日益多样化,涵盖了线上课程、线下讲座、科学实验活动等多种形式。这些服务通过专业的教育机构和人员,为不同年龄段的受众提供了系统、全面且个性化的科普教育,旨在激发公众对科学的兴趣,提升科学素养,并培养科学思维和创新能力。

(1)线上课程。

①个性化学习体验。线上科普课程利用互联网的便捷性,打破了时间

和空间的限制,为学习者提供了灵活的学习方式。例如,某科普教育机构推出的"科学探索者"系列线上课程,针对不同年龄段的青少年设计了丰富的课程内容。这些课程不仅包括视频讲解、动画演示,还设置了互动问答、在线实验模拟等环节,让学习者在家中就能体验到沉浸式的科学学习。通过个性化的学习路径设计,每个学生可以根据自己的学习进度和兴趣选择相应的课程模块,从而获得更加贴合自身需求的学习体验。

②丰富的课程内容。线上科普课程内容丰富多样,涵盖了自然科学、工程技术、生命科学等多个领域。例如,一些课程专注于天文学,通过虚拟天文馆的形式,让学生在家中就能探索宇宙的奥秘;另一些课程则聚焦于生物学,通过在线显微镜实验,让学生观察细胞结构和生物组织。这些课程不仅提供了理论知识,还通过虚拟实验和互动项目,增强了学生的实践能力。

(2)线下讲座。

①专家面对面交流。线下科普讲座则为受众提供了与专家面对面交流的机会,增强了学习的互动性和现场感。这些讲座不仅涵盖前沿科技,如人工智能、量子计算,还包括与日常生活密切相关的科学知识,如健康饮食、环境保护等。

②社区和学校合作。许多科普教育机构还与社区中心和学校合作,将科普讲座送到社区和校园。例如,某科普教育机构与多所中小学合作,定期在学校举办科普讲座,内容包括科学实验演示、科学原理讲解等。这些讲座不仅丰富了学生的课余生活,还激发了他们对科学的兴趣和探索欲望。同时,机构还为社区居民举办科普讲座,内容涉及健康养生、家庭科学实验等,提升了社区居民的科学素养。

(3)科学实验活动。

①实践与理论结合。科学实验活动是科普教育的重要组成部分,通过实践活动,学生能够更好地理解和掌握科学知识。这些实验活动不仅增强了学生的动手能力,还培养了他们的科学思维和创新能力。

②家庭科学实验。除了集中式的实验活动,一些科普教育机构还推出了家庭科学实验套件,鼓励学生在家中进行科学实验。这种家庭科学实验不仅增加了亲子互动,还让学生在实践中学习了科学知识,培养了科学兴趣。

■ 拓展阅读

某科普教育机构的线上课程

　　某科普教育机构通过线上课程,为青少年提供科学实验指导。该机构的"科学探索者"系列课程涵盖了多个科学领域,通过视频讲解、动画演示和互动问答等形式,为学生提供了丰富的学习内容。课程还设置了在线实验模拟环节,让学生在家中就能进行虚拟实验,增强了学习的趣味性和互动性。通过个性化的学习路径设计,学生可以根据自己的学习进度和兴趣选择相应的课程模块,从而获得更加贴合自身需求的学习体验。

某科技馆的线下讲座

　　某科技馆定期举办的"科学大讲堂"系列讲座,邀请了国内外知名科学家和学者,就当前的科学热点问题进行深入讲解。这些讲座不仅涵盖前沿科技,还包括与日常生活密切相关的科学知识。通过现场提问和互动环节,观众能够直接向专家请教,获得专业的解答和指导。此外,该科技馆还与多所中小学合作,定期在学校举办科普讲座,内容包括科学实验演示和科学原理讲解,激发了学生对科学的兴趣和探索欲望。

某科普教育机构的科学实验营

　　某科普教育机构定期举办"科学实验营",为青少年提供了一个亲自动手做实验的平台。在实验营中,学生可以参与各种有趣的科学实验,如制作火山爆发模型、探究植物的光合作用等。这些实验活动不仅增强了学生的动手能力,还培养了他们的科学思维和创新能力。此外,该机构还推出了"家庭科学实验盒",包含了多种实验材料和详细的实验指导手册,学生可以在家长的指导下,在家中完成各种有趣的科学实验。这一举措既增加了亲子互动,又培养了学生的科学兴趣。

3.面临的挑战

1)内容质量

　　部分科普产品和服务的内容质量参差不齐,存在科学性不强、趣味性不足等问题。需要进一步提升内容创作的质量,确保科普产品的科学性和吸引力。例如,某科普杂志因内容质量不高,导致读者流失。

2)市场竞争

随着科普市场的不断扩大,市场竞争也日益激烈。企业和机构需要不断提升自身的竞争力,通过创新产品和服务,满足公众日益多样化的需求。例如,某科普影视公司因市场竞争激烈,面临观众流失的问题。

3)人才短缺

科普产业的发展需要具备科学知识、教育理念、市场运营等多方面知识和技能的专业人才。目前,科普产业专业人才短缺的问题较为突出,需要加强人才培养和引进。例如,某科普展览公司因缺乏专业人才,导致展览质量不高。

■ 拓展阅读

科普出版社的转型之路

某科普出版社在传统出版业务面临挑战的情况下,积极探索转型之路。他们一方面加强与科研机构、高校的合作,开发高质量的科普图书和教材;另一方面,利用新媒体技术推出了科普电子书、科普音频、科普视频等多种形式的产品,满足了不同读者的需求。通过这些举措,该科普出版社不仅成功渡过了难关,还取得了更好的经济效益和社会效益。

二、科普产业经营策略

(一)产品策略

1.内容创新

科普产品的核心在于内容,必须确保科学性、趣味性和实用性,以吸引不同层次的目标受众。

1)科学性保障机制

科普内容的核心是科学准确性。需建立多级审核制度,邀请科研机构、高校专家组成科学顾问团队,对内容进行初审、交叉审核和终审。例如,《物种日历》每篇文章均需经过至少两名相关领域的博士审核,确保错误率低于0.1%。针对快速发展的学科(如人工智能、基因编辑),需设置动态更新机制,定期修订内容,标注知识有效期。

2）趣味性设计原则

通过多感官互动和情景化叙事提升吸引力。采用触觉交互装置、环境音效、全息投影等技术增强沉浸感。例如,上海天文馆的触控星图展项,游客停留时间达传统展板的 3.2 倍。此外,可借鉴心流理论设计"挑战—奖励"循环,如 Steam 教育游戏 *Foldit* 让玩家破解蛋白质折叠难题,累计贡献 23 篇科研论文。

3）实用性落地路径

将科学知识与日常生活场景深度结合。例如,丁香医生《家庭急救手册》通过漫画形式呈现烫伤、窒息等紧急处理方法,销量突破百万册。配套开发技能认证工具,如中国科协"科普中国"平台推出电子徽章系统,累计发放认证超过 500 万枚,帮助用户直观了解学习成果。

2.形式多样化开发

科普产业应突破传统形式,开发多样化的产品,以满足不同受众的需求。除了传统的图书、展览等形式,还可以开发科普游戏、科普玩具、科普主题公园、科普影视等多种形式的产品,满足不同受众的需求。

1）科普游戏

开发具有教育意义的科普游戏,如《科学探险》。这类游戏通过解谜、实验等互动环节,让玩家在娱乐中学习科学知识。游戏中的任务和挑战可以设计成与科学原理相关,例如通过完成物理实验来解锁新的游戏关卡,激发玩家对科学的兴趣和探索欲望。

2）科普玩具

设计能够启发科学思维的科普玩具。例如,一款化学实验套装可以让孩子们在家中安全地进行简单的化学实验,了解化学反应的基本原理。这些玩具不仅增加了学习的趣味性,还能培养孩子们的动手能力和科学探究精神。集成智能硬件,如小米"AI 显微镜"内置 Micro:bit 芯片,儿童可通过编程自定义观测模式,月销量超过 10 万台,实验完成率达传统套装的 3.5 倍。

3）科普主题公园

建设以科普为主题的公园,如上海科技馆。这些公园通过设置多个不同主题的展区,如航空航天、海洋生物、生态环境等,结合互动体验、多媒体展示等方式,让游客在游玩中学习科学知识。定期举办科普讲座、科学实验表演等活动,进一步增强科普教育的效果。打造沉浸式剧场,北京环球影城"侏罗纪基因实验室"利用全息纱幕和空间音频技术,单日接待量峰值达 1.2 万人次。

4）科普影视

制作高质量的科普影视作品,如《蓝色星球》系列纪录片。这些作品通过高清的画面和生动的解说,展示了海洋生物的奇妙世界,激发了观众对科学的探索欲望。科普影视作品不仅可以在电视和电影院中播放,还可以通过网络平台进行传播,扩大影响力。采用分支剧情引擎开发交互式叙事作品,如在 Netflix 上播出的《黑镜:潘达斯奈基》让观众自主选择剧情走向,重复观看率提升65%。

5）科普出版

出版多种形式的科普书籍和杂志,如《科学美国人》。这些出版物通过专业的文章和精美的插图,向读者传递最新的科学发现和研究成果。同时,随着数字化技术的发展,科普电子书和有声读物也逐渐成为重要的科普形式。

行业榜样

> 老牌玩具企业"科学罐头"转型开发国产科创玩具,其"北斗卫星导航实验盒"入选教育部白名单赛事器材,打破欧美品牌垄断,年出口额突破3亿元。

(二) 市场策略

1. 精细化市场细分

1）人口维度

按年龄、教育背景、地域划分市场。三线以下城市科普图书人均消费增速达一线城市的2.3倍(2023年开卷数据),可针对性地开发适农科技课程。

2）行为维度

将用户分为浅层接触者、主动学习者、内容生产者。知乎的"盐选科普"通过打赏分润机制,成功将5%的高黏性用户转化为兼职创作者,进一步丰富了平台的内容生态。

2. 定制化产品矩阵

科普产业可以根据受众的年龄、性别、职业、兴趣等因素,将市场细分为不同的子市场,并针对不同的子市场制定相应的营销策略。

1）儿童市场

针对儿童开发以卡通形象为主的科普产品。例如,制作以卡通动物为主角的科普动画片,通过动物们的冒险故事讲解自然知识。这些产品通常具有色彩鲜艳、情节简单、语言通俗易懂的特点,能够吸引儿童的注意力并激发他们的好奇心。例如,《动物世界》这类科普动画片,通过卡通动物的冒险情节,让孩子们在观看过程中了解动物的生活习性。

2)青少年市场

针对青少年开发富有探索精神的科普内容。例如,制作关于宇宙探索、人工智能等前沿科技的科普纪录片,满足他们对未知世界的探索欲望。这些内容可以通过学校教育、科普展览、线上平台等多种渠道传播,激发青少年的科学兴趣和创新思维。例如,《宇宙探索》系列纪录片通过展示宇宙的奥秘,激发了青少年对天文学的兴趣。

3)成人市场

针对成人开发深入浅出的科普专题。例如,举办关于健康养生、环境保护等主题的科普讲座,提供专业的科学知识和实用的生活建议。这些科普活动可以通过社区中心、图书馆、在线课程等多种形式开展,满足成人在不同生活场景下的科普需求。例如,《健康养生之道》讲座通过专业的讲解,帮助成人了解健康生活的科学方法。

3.品牌价值延伸

打造具有影响力的科普品牌,通过品牌传播提升科普产品的知名度和美誉度。

1)品牌定位

明确科普品牌的定位,突出其独特的价值和特色。例如,美国国家地理频道定位为提供高质量的自然和科学纪录片,其品牌以探索未知、保护自然为核心价值,吸引了全球大量的观众和读者。

2)品牌传播

通过多种渠道进行品牌传播,提升品牌的知名度和美誉度。除了传统的电视、杂志等媒体,还可以利用社交媒体、线上平台等新兴渠道进行品牌推广。例如,通过在社交媒体上发布精彩的科普视频片段、举办线上科普活动等方式,吸引更多的关注和参与。

3)品牌延伸

将品牌价值延伸到相关的产品和服务中。例如,美国国家地理频道不仅制作了高质量的科普纪录片,还推出了相关的科普图书、地图、周边产品等,进一步扩大了品牌的影响力和商业价值。通过品牌延伸,可以满足不同受众的需求,同时增加品牌的收入来源。

🖊 **作风严谨**

中国航天科工集团有限公司在"天宫课堂"直播中,所有实验器材均经过 1000 小时以上的可靠性测试,确保零失误,彰显中国航天"严慎细实"的作风。

▮ **拓展阅读**

科普影视公司的市场拓展

一家科普影视公司为了拓展市场,针对不同的受众群体推出了多种类型的科普影视作品。他们为儿童制作了生动有趣的科普动画片,为青少年制作了富有探索精神的科普纪录片,为成人制作了深入浅出的科普专题片。同时,公司还通过参加科普影视展览、举办科普影视讲座等方式,提升品牌的知名度。经过一段时间的努力,该公司的科普影视作品在市场上获得了广泛的认可。

《健康养生之道》讲座的品牌建设

《健康养生之道》讲座的品牌定位是打造一场提供专业健康知识的科普活动,旨在帮助成人了解健康生活的科学方法。该讲座通过社区中心、图书馆和在线课程平台进行品牌推广,吸引了大量成年受众。讲座内容由专业医生和健康专家提供,确保了信息的准确性和实用性。讲座不仅提供了线下的科普活动,还推出了相关的健康养生图书和线上课程,进一步扩大了品牌的影响力。这些延伸产品能够满足不同受众的需求,同时增加品牌的收入来源。

三、科普产业管理方法

(一)人员管理

1.专业人才队伍建设

科普产业是一个综合性很强的领域,需要具备科学知识、教育理念、市场运营等多方面知识和技能的专业人才。企业应通过招聘、培训等方式,建设一支高素质的专业人才队伍。

1)招聘策略

企业应制定明确的招聘策略,吸引优秀的人才加入。例如,某科普展览公司与多所高校建立了长期合作关系,定期参加高校的招聘会,专门招聘科学传播、教育技术、市场营销等相关专业的毕业生。通过这种方式,公司能够及时补充新鲜血液,为团队注入新的活力。

2)培训体系

建立完善的培训体系是提升员工专业能力的关键。公司为新入职的员工提供系统的入职培训,内容包括科普产业的基本知识、公司文化、岗位职责等。对于在职员工,定期组织专业技能培训,如科普内容创作、展览策划、活动组织等。例如,某科普教育机构每年都会邀请行业内的专家来公司举办讲座和工作坊,让员工有机会学习最新的科普理念和方法。

3)跨学科人才引进

为了满足科普产业多元化的需求,企业还应注重跨学科人才的引进。除了招聘传统的科学和教育专业人才,还应考虑引进艺术设计、信息技术、心理学等其他领域的人才。例如,某科普影视公司为了制作高质量的科普动画,专门招聘了动画设计专业的毕业生,并为他们提供科学知识培训,使他们能够更好地将科学内容与动画艺术相结合。

作风严谨

中国科技馆"月球基地"展项开发中,团队严格执行每日站会制度,累计修复 132 项体验漏洞,最终项目获得"全国十大科普展览"金奖。

2. 团队协作与激励

在科普产业中,团队协作至关重要,因为科普项目往往涉及多个环节和不同专业背景的人员。同时,合理的激励机制能够有效激发员工的工作积极性和创造力。

1)团队协作机制

建立有效的团队协作机制,促进不同部门之间的沟通与合作。例如,某科普展览公司在策划一个大型科普展览项目时,成立了跨部门的项目团队,包括内容策划、设计制作、市场营销等不同部门的成员。项目团队定期召开会议,共同讨论项目的进展和遇到的问题,确保各部门的工作能够紧密衔接。

2)激励机制设计

设计多样化的激励机制,满足不同员工的需求。除了物质激励,如项目奖金、绩效工资等,还应注重精神激励。例如,某科普教育机构设立了"年度优秀员工"评选活动,获奖员工不仅会获得丰厚的奖金,还会在公司内部接受表彰,以此提升员工的荣誉感和归属感。

3)员工职业发展规划

关注员工的职业发展,为他们提供晋升机会和明确的职业发展路径。例如,公司为有潜力的员工制定个性化的职业发展规划,提供内部培训和外部进修的机会,帮助他们提升专业技能和管理能力。通过这种方式,员工能够看到自己在公司的发展前景,从而更加积极地投入工作中。

(二)资金管理

1.资金筹集

科普产业项目通常面临巨大的资金需求,企业需积极拓展多元化的融资渠道,以确保项目的顺利推进。企业可以通过多种渠道筹集资金,如政府资助、银行贷款、社会投资等。

1)政府资助

政府为推动科普产业发展,设立了专项扶持资金。企业应密切关注相关政策动态,积极申报各类科普项目资助。例如,某科普主题公园在建设初期,通过深入研究政府发布的文化产业扶持政策,精心准备申报材料,成功争取到一笔文化产业扶持资金,为项目的启动提供了有力支持。

2)银行贷款

银行贷款是企业筹集资金的重要途径之一。企业可根据自身信用状况和项目预期收益,向银行申请长期贷款或短期贷款。例如,该科普主题公园在获得政府资助后,仍面临资金缺口。于是,公园管理方与多家银行进行沟通洽谈,凭借项目的详细规划和良好的发展前景,最终获得了一家银行的长期贷款,解决了资金紧张的问题。

3)社会投资

吸引社会资本参与科普产业项目,可为企业带来额外资金支持。企业可通过举办项目推介会、参加行业展会等方式,向潜在投资者展示项目优势和盈利前景。例如,某科普展览公司计划推出一系列创新的科普展览项目,但资金有限。公司通过举办项目推介会,向众多社会资本机构展示项目创意和市场潜力,成功吸引了几家风险投资公司的关注,并获得了投资,为项目的实施提供了资金保障。

2.成本控制

在科普产业项目实施过程中,合理控制成本,提高资金使用效率,是确保项目经济效益的关键环节。

1）设计优化

在项目规划阶段，通过优化设计方案，减少不必要的成本支出。例如，某科普展览公司在承接一个大型科普展览项目时，组织专业团队对展览方案进行反复论证和优化。在保证展览效果的前提下，通过调整展览布局、简化部分展示环节，减少了材料使用量，从而降低了材料采购成本。

2）采购管理

在采购环节，通过科学的采购管理降低采购成本。企业可与多家供应商进行比较，选择性价比最高的产品和服务。同时，建立长期稳定的供应商合作关系，争取更优惠的采购价格和更好的售后服务。例如，该科普展览公司在采购展览所需材料时，通过公开招标的方式吸引了多家供应商参与竞标。经过严格评审，公司选择了报价合理、质量可靠的供应商，并与其签订了长期合作协议，确保了材料供应的稳定性和成本的可控性。

3）人员管理

合理安排人员分工，提高工作效率，降低人力成本。企业应根据项目实际需求，合理配置人员，避免人员冗余。同时，通过加强员工培训，提高员工的专业技能和工作效率。例如，某科普主题公园在运营过程中，根据游客流量和项目需求，灵活调整员工岗位，确保每个岗位都有合适的人选。同时，公园定期组织员工培训，提升员工的服务水平和工作效率，减少了因人员不足或效率低下导致的额外成本支出。

4）运营管理

在项目运营阶段，通过精细化管理，降低运营成本。企业应建立完善的成本核算体系，对各项运营成本进行实时监控和分析，及时发现并解决成本超支问题。例如，该科普主题公园在运营过程中，通过引入先进的能源管理系统，对园区内的水电等能源使用情况进行实时监控，合理调整能源使用计划，降低了能源消耗成本。同时，公园还通过优化票务系统、加强园区维护管理等措施，进一步降低了运营成本，提高了项目的经济效益。

遵章守纪

某科普机构在"转基因科普讲座"遭恶意攻击时，严格依据《科普法》发布声明，联合监管部门澄清谣言，最终舆情平息并获得央视专题报道支持。

科技前沿

百度"AI科普大脑"通过知识图谱与自然语言处理技术,自动生成跨学科科普内容,入选世界人工智能大会"十大创新应用"。

■ 拓展阅读

科普展览公司的项目管理

一家科普展览公司在承接大型科普展览项目时,面临着时间紧、任务重、资金紧张等困难。为了确保项目的顺利进行,公司成立了专门的项目管理团队,制订了详细的项目计划和预算。在人员管理方面,公司从各部门抽调精干人员组成项目团队,并通过合理的分工和有效的沟通机制,确保了团队的高效协作。在资金管理方面,公司积极争取政府资助,同时通过优化展览设计、合理控制成本等方式,解决了资金紧张的问题。最终,该科普展览项目取得了圆满成功,获得了良好的社会反响和经济效益。

科普主题公园的资金管理

某科普主题公园在建设初期面临着巨大的资金需求。为了筹集足够的资金,公园管理方采取了多种措施。首先,他们积极争取政府的文化产业扶持资金,通过精心准备的项目申报材料,成功获得了政府的资助。其次,公园管理方与多家银行进行沟通,凭借项目的详细规划和良好的发展前景,获得了一家银行的长期贷款。此外,公园还通过举办项目推介会,吸引了几家风险投资公司的关注,并获得了投资。在资金到位后,公园管理方通过优化设计方案,减少不必要的材料浪费,同时合理安排人员分工,提高工作效率,降低了项目成本。最终,科普主题公园顺利建成并运营,取得了良好的经济效益和社会效益。

◄ 课堂反馈

1. 你认为科普产业的发展前景如何?请结合实际案例说明。

2. 分析科普产业经营中产品策略和市场策略的重要性,并举例说明。

3. 在科普产业管理中,如何平衡人员管理与资金管理的关系?

科普实践

案例

航天主题科普文创产品开发项目

长江科技馆作为国内航天科普领域的标杆机构,2023 年启动"巡天计划"文创开发项目,旨在通过市场化运营实现科学传播与经济效益的双重突破。项目聚焦 12～18 岁青少年群体,计划推出航天拼装模型、AR 互动绘本及数字藏品三大产品线。然而首批产品上市后遭遇严重滞销,月均销量不足 500 件,库存积压超 200 万元。用户调研显示,62%的青少年认为产品科技感不足,55%的受众批评 AR 交互设计陈旧。技术团队缺乏 Unity 3D 开发能力,外包成本超出预算,同时中国人民银行数字货币新规使 NFT 发行计划面临政策风险。

1. 技能训练(表 5-1)

技能训练   表 5-1

训练阶段	实训工单	任务详情	工具/材料	交付物	工作细节
市场调研	青少年需求分析	设计含 20 个问题的调研问卷,覆盖产品偏好、科技认知水平等维度	问卷星、用户画像模板	①问卷样本②用户画像报告	问卷需包含李克特量表题(如"你对航天知识的兴趣程度:1～5 分")
产品策划	AR 技术应用方案设计	选取 3 项航天知识点,设计 AR 交互形式(如 3D 舱体拆解演示)	Unity 3D 演示版、航天素材包	AR 产品方案 PPT(含技术流程图)	需标注硬件兼容性(iOS/Android 系统适配)
成本控制	开发预算编制	制定产品开发成本清单(含建模、测试、宣发费用)	Excel 成本核算模板	预算表(误差率≤5%)	需对比外包与自建团队的成本差异

续上表

训练阶段	实训工单	任务详情	工具/材料	交付物	工作细节
政策应对	合规性审查	对照 2023 年《数字藏品管理办法》，修改 NFT 发行条款	政策法规文件包	合规审查报告	重点审查用户隐私保护与金融风险防范条款

2.任务评价（表 5-2）

任务评价　　　　表 5-2

评价维度	指标说明	权重	评分标准(0~5分)
需求洞察	用户画像与产品定位匹配度	25%	0 = 画像模糊;5 = 精准标注目标群体科技兴趣点与消费能力
技术可行性	AR 交互设计的科学传播效果	35%	0 = 技术堆砌无逻辑;5 = 交互设计直观呈现航天原理
成本控制	预算编制合理性及风险预留	25%	0 = 无风险预案;5 = 设置10%应急资金池
政策合规	数字藏品发行方案的合法性	15%	0 = 违反监管要求;5 = 通过律师事务所合规审查

1.实践目标

（1）掌握科普文创产品开发的核心流程(需求分析-内容设计-技术实现-传播推广)。

（2）培养跨学科协作能力(科学 + 设计 + 传播),提升解决真实产业问题的实践能力。

2.实践内容与要求

(1)用户需求调研与竞品分析。

任务：

设计问卷调研 100 名大学生,分析其对航天文创的偏好(如价格敏感度、内容形式倾向)。

选取 3 款国内外成功案例(如 NASA 太空主题文具、中国航天文创徽章),制作对比分析 PPT。完成 10 页 PPT(含数据图表、SWOT 分析)、1 份 300 字调研结论(标注关键发现,如"73% 的学生愿为交互设计支付溢价")。

(2)低成本产品原型设计。

请同学们在下面列举的主题中选择或者自拟主题,依据提示完成一次科普作品创作。

主题提示:

①纸质文创:设计航天主题手账本(含 AR 扫码科普动画)。

②数字产品:制作 1 分钟航天科普短视频(需融入至少两个科学原理)。

③互动活动:策划校园"月球基地搭建"工作坊方案(含物料清单、活动流程)。

(3)校园推广实战。

在校园公众号、短视频平台上发布作品,收集用户反馈(点赞、评论、转发数据)。

设计 1 张宣传海报(突出科学卖点,如"手账本内含嫦娥五号采样动画")。

3. 实践成果

(1)用户画像 PPT + 调研结论 1 份。

(2)原型设计稿/视频文件/活动方案 1 份。

(3)宣传海报 + 推广数据截图 1 份

4. 实践考核与评价

实践考核细则见表 5-3。

实践考核细则   表 5-3

评价指标	评价标准	分值(分)	得分(分)
科学性	内容准确,引用权威文献	25	
创新性	设计突破传统形式(如 AR + 手账结合)	20	
可行性	预算控制合理,方案可落地	20	
传播效果	推广数据达标(如视频播放≥500)	15	

续上表

评价指标	评价标准	分值(分)	得分(分)
团队协作	分工明确,会议记录完整	10	
反思报告	总结不足并提出改进方案	10	
	合计	100	

注:若存在以下行为,则实施一票否决,课程考核成绩计为不合格。

(1)不认同科学精神,在作品创作中故意与之背离,且拒绝改正。

(2)故意不按要求、规则、规范进行作品创作,且拒绝改正。

模块六

科普活动策划与评估

📖 学习目标

1. 知识目标

(1) 熟悉科普活动的概念。

(2) 厘清科普活动的类型。

(3) 了解科普活动策划与评估的关键要点。

2. 能力目标

(1) 尝试撰写活动方案。

(2) 组织开展科普实践。

(3) 学会进行活动评估。

3. 素质目标

(1) 树立求真务实、严谨实证的科学精神。

(2) 培养沟通协调、团队协作的工作能力。

(3) 具备创新实践、审慎自省的自我修养。

■ 问题驱动

熊举峰团队作品《雷电实验室》
荣获第七届全国科学实验展演汇演活动大赛特等奖

由科学技术部、中国科学院主办,中国科学技术大学承办的第七届全国科学实验展演汇演活动于 2024 年 11 月 30 日至 12 月 1 日在安徽省合肥市举行,来自全国 57 个推荐单位的 166 支代表队齐聚赛场,为公众呈现了一场科学展演视听盛宴。经过激烈的角逐,湖南师范大学物理与电子科学学院熊举峰老师指导的团队凭借其创新作品《雷电实验室》脱颖而出,荣获大赛特等奖。

该团队设计的科普作品《雷电实验室》通过特斯拉线圈和法拉第笼等实验器材,揭示了闪电、电磁屏蔽以及避雷针的工作原理。作品以两名中学生探访"雷电"实验室为故事背景,通过他们与实验员的互动对话和直观实验演示,巧妙地将雷电的相关知识串联在一起,以浅显易懂的方式向公众普及科学原理,增强大众的防雷意识。作品中生动活泼的人物形象、惊险刺激的表演,为观众带来了一场精彩的视觉盛宴。

引导问题:

1. 用实验展演的方式进行科普有哪些优势?

2.如果你要组织一次针对中小学生的科普活动,你会选择哪种科普形式?

理论导航

一、科普活动概述

(一)科普活动的概念

《科普法》明确提出,科普活动既包括普及科学技术知识,也包括倡导科学方法、传播科学思想、弘扬科学精神。单个科普活动不可能也不必要使全体公民掌握所有科学知识,而更应该强调上述四者的统一。因此,科普活动是在一定背景下,以促进公众智力开发和素质提高为使命,使用专门的普及载体和灵活多样的宣传、教育、服务方式,面向社会,面向公众,适时、适需地传播科学精神、科学知识、科学思想和科学方法,实现科学的广泛扩散、转移和形态转化,从而取得预想的社会、经济、教育和科学文化效果的社会化科学传播活动。简言之,科普活动就是普及科学知识、倡导科学方法、传播科学思想、弘扬科学精神的传播活动。

青少年是科普的重要群体,其他重点人群包括农民、城镇劳动人口、领导干部和公务员。

青少年科普活动的特点主要表现为以下四个方面。

(1)科学性。科普主题活动的科学性主要表现在活动内容具有科学性和技术性。青少年通过参加活动拓宽了视野,学到了科学知识,激发了对科技的兴趣。

(2)教育性。科普主题活动的教育性主要表现在寓思想教育于活动之中,把爱国主义、集体主义、艰苦奋斗的精神和人际关系、纪律、法制等教育内容有机地结合到科普主题活动中,引导青少年关心家乡变化、科技进步和国家建设。

(3)实践性。科普主题活动让青少年在科普教育实践中经受锻炼、增长才干,创造了课堂教学所不具备的优越条件,使学生通过考察、实验、展教、写作、动手操作等环节获取科学知识、学习科学技能,把理论与实践结合起来。

(4)兴趣性。科普主题活动贯彻兴趣原则,吸引广大青少年积极加入活动中,同时在活动中进一步激发他们的兴趣,促使青少年树立科学志向、确立科学理想。

(二)科普活动的类型

科普活动的类型在一段时间内是稳定的、有限的,但又是随着时代的前进不断丰富和发展变化的。科普的形式只有与时俱进才能满足实际需要。《科普法》中对科普活动的类型进行了一定的总结,包括科普宣传、科普研讨会、科普展览等。本模块根据科普内容的传播方式,将科普活动分为组织传播和媒体传播两类。

1.组织传播科普活动

组织传播科普活动以面对面直接与受众交流的方式传播,主要形式如下。

1)科普讲座/报告

科普讲座一直是一种比较常用的科普活动形式。虽然在科普报告、讲演及科普交流中,报告者、讲演者、交流者都会适当使用一些如挂图、PPT、短视频等便捷的辅助方式来提升科普效果,但就其核心而言,语言还是主要的传播载体。科普讲座/报告的优势是报告人能够充分展示个人魅力,与听众直接交流互动,给受众答疑解难,并能根据实际情况调整讲座内容的难易程度、语速等,让受众更能理解和接受。因此报告人的素质在很大程度上影响着传播的效果。由于讲座举办成本较低,组织较方便,虽然受众参与有限,但是由于活动可以多次举行,根据主体灵活变换内容和形式,因此在各个方面的科普活动中都可以使用,效果较为显著。

2)科普展览

科普展览也是科普活动中常使用的形式,可以用挂图、展示照片的形式,也可以详细向观众展示实体或者模型。作为一种科普宣传活动,它的工作主要包括场景以及内容的设置,展示科普画廊、橱窗、图片、模型等,并适时配上文字解说。在科普展览中,这些展示内容可以由受过培训的工作人员介绍,也可以由观众自己自行观看。在展览的过程中,如果再配合使用音响和录像设备等,将会使展览效果事半功倍。因为科普展览是一项图文并茂或者是"实文并茂"的活动,直观的视觉感受会让受众更浅显易懂地了解科普知识,这类科学普及方法能够达到较好的效果。

3)科普咨询

科普咨询活动是指科普工作者组织相关工作人员到企事业单位、社区、农村基层开展科普咨询活动。这些活动可以是科学技术知识的宣传,技术、技能的培训,也可以是科技成果的推广示范等。活动组织者可以就专门的科普内容向受众展开宣传,例如单纯地进行医疗咨询,有利于普及医学常识;也可以联系相关部门展开相对综合性的科普咨询活动,例如联合农学会、医学会、林学会等就食用菌技术、食品安全、病虫害防治、医疗保健等进行科普咨询。综合性的知识能够相对吸引较多的受众,从而达到一个宣传的广度。大部分的科普咨询一般可以达到一对一的宣传讲解效果。虽然受众的参与人数受限,但是科普咨询会比其他的科普活动更容易达到深度传播的作用。

4)科技竞赛

科技竞赛是指在青少年中开展的各种以科学技术为内容的比赛活动,这主要包括定期或不定期地组织各类科普知识竞赛、科学小制作、科学小发明和科学小测验等竞技类活动。科技竞赛是针对青少年开展的科普活动,这类活动旨在激发青少年的想象力和创造力,因此受到社会各界的重视。如全国性的青少年发明创造比赛、奥林匹克学科竞赛、航模比赛等。随着科技的发展,科技竞赛的形式和内容也变得更加丰富多彩,从简单的制作竞赛到现代的信息技术、新能源利用、环境保护、气候变化等,其理念不断深入,已经成为青少年展现自我的一个平台。

5)科技论坛

科技论坛是指一种高规格、有长期主办组织、多次召开的研讨会议,如博鳌亚洲论坛、精英外贸论坛等。随着时代的发展,出现了网络论坛等各类论坛。论坛一般都会有一个规模较大、内容涵盖较广的会议,然后与会者围绕着比较狭窄专一的话题进行小范围讨论。论坛是一个公共的讨论场地,资源在这里共享,参与者各取所需,并且能吸引不同类型的参与者。

科技论坛,顾名思义,就是以科技及相关内容为主体的论坛。论坛的这些特点也决定了科技论坛的性质以及它所能起的作用。科普工作者可以定期针对不同的人群,举办各种主题的科技论坛,以达到科普宣传的效果。

6)科普导游

科普导游是指在各类科普场所提供的科学知识信息的导游服务,通过专业的讲解增长群众知识的工作人员。导游的本意是引导游览,带领游客感受山水或人文之美,科普导游作为近距离面对面就某项科学事物进行传播活动的科普人员,需要传授的是科学之美。

科普导游可以是经过专业培训的人员,也可以是科普志愿者,还可以是知名科学家。人员组成的多样化使得科普导游的背景、层次和传播方式有很大的不同。相对于科技馆等专门性的自然博物馆,科普导游在园区性自然博物馆(如动物园、植物园、水族馆和自然保护区)内更加普遍,这些地方主要以吸引人们游览观光、休闲娱乐为主要目标。在导游活动中,需要转变科普的思路,科普不是单纯的说教,在娱乐休闲中不知不觉地进行潜移默化的科学传播会更加有效。

7)科普大篷车

科普大篷车是一种新型多功能科普宣传车。它由普通车辆改装,配备有科普展品、科普展板、科普资料以及笔记本电脑、背投式投影机及银幕、DVD影碟机、音响系统、发电机、卫星天线、车顶照明系统等。车载展品是科普大篷车的主体内容,可以极大地调动参与者参与科普活动的兴趣和热情。科普大篷车的灵活性使它能深入西部偏远地区和广大农村,受到公众和科普工作者的欢迎。功能强大的科普宣传教育手段以及互动式的参与方式,使科普大篷车成为科普宣传的一面流动旗帜。它犹如一座"流动的科技馆",丰富了传统科普工作的手段和形式。

8)科普研学

科普研学是当下最具互动性和体验性的科普实践活动。青少年学生通过对科技场馆的实地感受、科学实验的实际操作、科学事件的亲身参与、将科学与游戏相结合等方式,成为活动的主动参与者。科普研学活动形式丰富多彩,其目的不在于灌输多少科学知识,而在于感受科学的氛围,体验科学的真、善、美,从而培养青少年对科学的兴趣与向往。其重点更在于科学态度的培养和科学精神的熏陶。

2.媒体传播科普活动

利用各种媒体进行大众传播也是科普传播的一种方式,这种方式的辐射面更广,但是传播者和受众之间没有直接的沟通。

1)传统媒体科普传播

传统媒体科普传播是指以文字、图画、电视电影为基本载体的科普传播,此类产品包括科普书籍、科普绘本、科普节目等。

长期以来,国内外涌现了很多优秀的科普名作,如霍金的《时间简史》《果壳中的宇宙》,道金斯的《自私的基因》,伏·巴尔佳斯基的《拓扑学奇趣》,等等。2005年,曹天元创作的网络科普作品《上帝掷骰子吗:量子物理学史话》出版,该书一经问世便吸引了众人的目光,迅速成为国内科普学者津津乐道的话题。无论是物理学还是数学,对于普通人来说都是比较深奥的东西,而科普创作都使其成为大众的畅销书,激发人们对此类学科的兴趣,也许这正是科普作品的魅力所在。

2)网络媒体科普传播

网络媒体科普传播是以网络为传播平台,由专门的组织机构或个人在网络上以网民为对象开展的科普活动。通过互联网为广大群众提供内容丰富、形式多样,并集知识性、趣味性、互动性、地方性于一体的科普知识信息。

随着新媒体,特别是网络的发展,科学传播正面临着新的传播环境。2005年6月至9月,中国互联网协会网络科普联盟开展了"第一届全国优秀科普网站及栏目评选活动"。基于网络的公众科学教育传播越来越成为一种较为有效的科学普及的方式和手段。网络媒体科普传播的基本表达形式是建立科普网站。如由相关政府部门主办的中国公众科技网、中国科普博览、中国科普网、中国数字科技馆等。此外,还有各类科技(普)馆、科技类博物馆、天文馆、水族馆、标本馆和图书馆,设有自然科学部的综合博物馆和其他专业科技馆在网上设合理的虚拟科普场馆,如中国科技馆和上海科技馆。另外,还有门户网站的相关科普频道,如网易探索频道、新浪科学探索频道、搜狐科学探索频道等。除此之外,我国还有大量的个人科普网站。

3)自媒体科普传播

以往的科普内容多由各高校、科研机构、科技型企业和组织的科技工作者进行创作,内容权威,同时存在一定的理解门槛。在新媒体时代下,科普内容呈现出社交化、娱乐化、游戏化的特征,大众更需要能够将科学知识"翻译"得更加通俗易懂的专业科普人。如今,科普内容生产者的一个重要特征是"科技工作者网红化",即由科技工作者们"下海"创作权威又不失趣味性的科普内容。如中国科学技术大学副研究员袁岚峰,通过制作网络科普节目《科技袁人》获得大量关注,从科技工作者变身成为"科普网红";中国科学院物理研究所通过在抖音平台上发布趣味性科普短视频,收获了185万粉丝。科普内容生产者的另一个变化是与科学传播相关的"网红专业化",这类创作者兼具专业性和新媒体创作意识,以科普短视频创作者"模型师老原儿"为例,创作者以自己擅长的模型制作为载体和表现形式,用幽默风趣的语言风格将抽象知识具象化,在表达不失专业性的同时,获得了非常好的传播效果。

2023 年 3 月,中国互联网络信息中心(CNNIC)发布第 51 次《中国互联网络发展状况统计报告》,该报告显示,截至 2022 年 12 月,我国网络视频(含短视频)用户规模首次超过 10 亿,达到 10.31 亿,其中短视频用户规模为 10.12 亿,占网民整体的 94.8%。短视频与各行业叠加,"逐步渗透至网民的生活全场景,成为全民的生活应用"。2023 年 4 月,快手大数据研究院联合快手新知共同发布《2023 快手泛知识报告》,该报告显示,2022 年快手泛知识类创作者数量同比增长 24%,万粉创作者视频发布量达 1.1 亿,短视频成为"传播科学知识的新舞台、好舞台"。

二、科普活动策划与整合科普资源

丰富多彩的科普活动是"活化"科学精神和科学家精神的实际行动。通过公众与科学家直接互动和深入交流探讨,切身体会科学精神和科学家精神的深刻内涵,将抽象的概括转化为具象的表征,熟悉和了解科学精神和科学家精神的呈现方式,进而将其内化为个人的认知,以更理性的态度看待科学精神和科学家精神。

"科普"是一个动词,行动是科普最有力的诠释,也是"真"科普的体现。科普更应被视为一个矢量,既有大小,也有方向。科普效果好不好,科普是不是向着高质量发展的方向迈进,关键还要看是否采取了实际行动。"坐而论道,不如起而行之",只有"做"才是正确答案。科普需要用感性的叙事来表达对客观世界的理性认知,而这种表达就是一种行动,其形式可以多种多样,场景可以丰富多彩,渠道能够实现线上与线下融合。

只有把科普真正"做"起来,通过实际行动推动科普的高质量发展,做大做强科普之"翼",才能助力公民科学素质普遍提升,让科学的高原上矗立起更多创新的高峰。

(一)撰写策划方案

科普活动策划方案应包括活动背景、活动目标、活动主题、活动对象、活动内容、活动过程、活动保障、活动评估八个部分。2023 年 11 月,国家市场监督管理总局(国家标准委)批准发布《线下科普活动基本要求》,进一步对线下科普活动提出了普适性的基本要求。

■ 知识链接

可参考的相关文件

1.《中华人民共和国科学技术普及法》(2002年6月通过)

2.《中华人民共和国科学技术进步法》(2021年12月第二次修订)

3.国务院《全民科学素质行动规划纲要(2021—2035年)》(2021年6月印发)

4.中共中央办公厅、国务院办公厅《关于进一步减轻义务教育阶段学生作业负担和校外培训负担的意见》(2021年7月印发)

5.教育部办公厅、中国科协办公厅《关于利用科普资源助推"双减"工作的通知》(2021年11月发布)

6.科技部、中央宣传部、中国科协《"十四五"国家科学技术普及发展规划》(2022年8月印发)

7.中共中央办公厅、国务院办公厅《关于新时代进一步加强科学技术普及工作的意见》(2022年9月印发)

8.教育部等十八部门《关于加强新时代中小学科学教育工作的意见》(2023年5月发布)

1.活动背景

撰写活动方案的第一步,就是弄明白这个活动开展的背景是什么,它的核心要求是什么。活动背景:简要说明活动的背景和意义,要举办这次科普活动的原因。例如,针对某个社会热点、科技前沿或公众普遍关心的问题。

2.活动目标

明确活动的目标,如提高公众的科学素养、普及某一领域的知识、激发青少年对科学的兴趣等。

3.活动主题

根据活动背景和活动目标,确定一个简洁、有吸引力的主题,能够概括活动的核心内容。活动主题应具有科普性、趣味性和时代感,能够吸引目标受众。例如,要求设计一个科学家进校园的科普讲座活动,那么,可以快速分析其中的核心元素:本次科普活动的实施者是科学家,受众是青少年群体,开展的地点是校园。这里面哪一个是最关键的元素?当然是科学家。这个时候,活动主题可以定为:弘扬科学家精神。

4. 活动对象

明确活动的目标群体,如中小学生、社区居民、科技爱好者等。根据受众的特点策划活动内容和形式。

5. 活动内容

一旦明确了活动背景、目标、主题、对象,整个方案的"气质"就被拿捏住了,接下来就是活动整体的内容策划了。如活动对象是中小学生,那么活动内容应当与学习程度相适应,可以与所学物理、化学、生物、地理等相关课堂知识相结合,如果用漫画、动画效果更佳。如果活动对象是社区居民,那么活动内容应当与居民日常生活密切相关,如健康、出行、养生、防诈等。如果活动对象是科技爱好者,那么活动内容应当选取科技前沿、国际热点、最新技术成果等。

对于没有组织经验的科普人来说,凭空独创比较难。我们可以思考以下问题:"别人是怎样做的?""有没有同类型的方案大纲可供借鉴?"

以 2024 年度"全国科普日"活动为例。

"全国科普日"是一个由中国科协每年组织举办的常规活动,一般先由官网发布文件,然后通过"全国科普日——智慧科协平台"组织相关活动,活动时间为 2024 年 9 月 15 日至 25 日,活动内容包括广泛宣传我国科技、科普工作成就,聚焦基础前沿研究、战略高技术、新兴和未来产业科技等新质生产力发展布局,以及量子科技、生命科学、物质科学、空间科学等前沿技术,持续开展科普活动,推动科研基础设施和创新基地有组织、常态化开放,服务高质量发展。主要活动包括"千馆展览探未来""万场报告话前沿""千万IP创科普"三项重点活动和学会、科普阵地、高校、企业、园区等八个联合行动,以及各地区各部门的一系列主场活动。在活动结束后,各相关单位上报活动情况总结,中国科协发布评优评先情况等。

接到相关通知的单位,应根据相关文件要求,结合自身科普资源优势来选定本单位要举办的科普活动内容和形式,以此为内核策划活动方案。

■ 拓展阅读

全国科普日

全国科普日由中国科协发起,全国各级科协组织和系统为纪念《中华人民共和国科学技术普及法》的颁布和实施而举办的各类科普活动,定在每年 9 月的第三个公休日。

2002 年 6 月 29 日,我国第一部关于科普的法律——《中华人民共和国科学技术普及法》正式颁布实施。

2003 年 6 月 29 日,在《科普法》颁布一周年之际,为在全国掀起宣传贯彻落实《科普法》的热潮,中国科协在全国范围内开展了一系列科普活动。自此,中国科协每年都组织全国学会和地方科协在全国开展科普日活动。

从 2005 年起,为便于广大群众、学生更好地参与活动,活动日期由原先的 6 月改为每年 9 月第三个公休日,作为全国科普日活动集中开展的时间。

举办全国科普日活动,是重大科技活动示范引领作用的具体体现,是以实际行动推动科普高质量发展的具体体现。这些系列活动不仅展现国家科技创新的成就,聚焦"四个面向"和高水平科技自立自强,而且通过各种科普惠民活动,能够让公众感受到科学已经融入生活的各个领域,使人们积极主动参与科普活动,养成主动学习、掌握、运用科技知识的习惯,并自觉抵制伪科学、反科学等不良现象。借助全国科普日这个"场域",有助于公众科学思维和科学理性的培育,也有助于引导公众理性地看待科技创新对推动经济社会高质量发展和满足人民群众美好生活需要的支撑作用。

6.活动过程

活动的步骤和过程通常以"工作方案""实施方案"等形式出现,这些内容体现了活动组织者对全局的把控。活动过程及步骤要尽可能详细,可操作性是活动实施的关键要素。每个关键环节要设置负责人,并且要有备用方案,保障活动的顺利进行。

如果是事项不多、规模较小的科普活动,如小型的科普讲座、科普展览馆的参观讲解等,只需承办方制订详细的工作流程,确定每个环节的负责人,并由承办方总负责人综合调度联络即可。但如果是科技周、博览会、科技竞赛等大型活动,那么活动方案要确定全方位保障,再怎么详细也不过分。

7.活动保障

活动保障对活动效果起到了关键作用。活动保障包括车辆保障、人员保障、医疗保障、餐饮保障、场地保障、宣传保障、经费保障等。

1) 车辆保障

车辆保障是与活动服务对象的第一次接触,包括参加活动的嘉宾车辆、接送活动受众的中大型车辆以及活动组织单位的各种车辆等。

首先要合理安排嘉宾车辆,需要预估车辆数量,并结合场地的实际情况落实停放位置。这项工作一般在邀请嘉宾之前完成,尽可能地将定制好的车辆通行证件随邀请函一并送达,并明确告知嘉宾的停车位置。

其次是根据当地的相关规定安排接送活动受众的中大型车辆,提前在相关政府采购平台上进行车辆租赁等。如果接送的对象是较大规模的某校或者某个地区的中小学生,那么还需要与学校进一步确认服务车辆信息,因为大规模的学生乘车活动还需要有交警部门的车辆认证要求。

最后是活动组织单位的各种特种车辆,包括电视转播车、通信功能车、信号保障车、视频拍摄车和舞美道具装载车等,可根据实际需要合理安排这些车辆。需要注意两点:一是在青少年活动开展过程中,安全是第一位的,任何车辆停放都必须服从安全性这一原则,同时在起停过程中需要特别注意周围环境,如果停放在靠近活动现场的地方,应注意用安全格栅围好,放置警示提醒牌。二是在现代物流业发展迅猛的情况下,尽量使用常见物流运输平台进行物资运送,以避免车辆停放难的问题。

2) 人员保障

活动开展过程几乎都依赖于人的行为,所以活动的人员保障至关重要。但是,从实际工作来看,人是最不可控的因素。这里一般应遵循三个原则:第一,定人定岗原则。按照时间发展顺序,根据岗位实际需要安排人员,做到人在岗、不交叉。必须制订详细的文字方案,根据活动规模,分别召开多次工作协调会议,落实责任人。第二,岗位适配原则。充分考虑人员的专业性、灵活性、机动性等因素,发挥每个人的特长优势,达到"1 + 1 > 2"的效果。当然,安排岗位时,尽量尊重每个人的意愿,充分表明每个岗位的重要性,树立其信心,做到一视同仁。第三,核心备份原则。针对关键岗位,一般按照1:2进行人员配置,以避免在重大活动过程中因人员突发状况而陷入困境。

3) 医疗保障

每一位活动组织者都应认真对待医疗保障问题。事实上,开展100次活动可能都不会出现一次医疗问题,但如果没有准备,一旦出现问题,后果将不堪设想。如果参与活动者是中小学生,需要乘车船等交通工具的,尽量购买人身意外保险,随行途中配备药箱;要了解离活动现场最近的三级甲等医院及儿童医院的位置,并将信息写入活动总方案;如果有条件,可以配备医护人员(校医亦可)在现场提供医疗支持。

特别提醒三点注意事项:一是青少年是未成年人,一旦有就医需要,应尽可能要求其监护人或者教师陪同前往;如果监护人不能及时陪同,要保证在其就医期间与其监护人保持联系,及时将孩子的诊断情况告知;在孩子需要进行身体检查时,例如CT、核磁共振等,或者需要服用某些药物时,应事先征求其家长的意见。二是如果涉及校园外的科普活动,需要进入某个科普教育基地或公共场所时,要仔细检查活动期间可能遇到的水面、障碍物等,进行隐患排查,确保指示标志到位。三是教师往往是青少年参与活动时的主要陪同人员,因此活动组织者应通过微信、邮件等多种方式,提前告知教师离活动现场最近的医疗中心或医院的位置。此外,一旦发生医疗问题,活动组织者应保持冷静,先不要去追问情况发生的原因,而是要积极面对并解决,永远把人员的生命健康放在首位,事后再对事件做进一步的分析与总结,避免再次发生。

4)餐饮保障

"兵马未动,粮草先行"。活动期间若超过半天,就必然涉及餐饮安排,需要提前做好准备。关于如何有效安排餐饮,一是固定安排某一位同事长期负责餐饮工作,以提高效率和减少浪费;二是计算用餐人数,可以使用以下计算公式:

活动第·顿饭的人数 =(报名人数 + 工作人员人数)×110%

活动最后一顿饭的人数 =(报名人数 + 工作人员人数)×80%(如果是晚餐,人数可以再减半)

餐饮时间一般安排在60分钟左右,以自助餐或盒饭为主,尽量不要安排桌餐。在用餐时间紧张且地点不适宜的情况下,可为青少年选购汉堡、面包等食物,避免食物分配过程漫长而耽误时间。

5)场地保障

活动场地是活动开展的主要空间,一般由主会场、嘉宾休息室和展览展示区域等若干空间组成。主会场涉及氛围营造、舞台舞美、受众席排位、活动区域设计等工作。嘉宾休息室的安排一般遵循就近原则,保障嘉宾前往主会场的便捷性。有的活动还会有展览展示区域,如果是展览馆里的专业展览就比较容易安排,提供专人讲解和相应安保即可;如果是开放环境,如校园科普文化实景,就需要根据具体活动内容进行路线设计和讲解安排。

原则上,活动组织者必须现场实地考察,计算各个环节所需时间及人员安排。有时候互动场所往往不止一处候选地,特别是较大规模的互动,需要有1~2个备用场地方案。

主会场的选择上应考虑适用性、经济性、安全性及便利性。既要满足活动开展需要,也不要过犹不及。例如,举办青少年科学实验展演和开展科学家报告会的场地需求肯定不一样,舞台也并非越大越好。经济性也是主会场选择的重要因素,通常综合酒店的大型会场的租赁费用较高,多媒体设备的使用费用还另算,其他涉及餐饮、住宿等的费用也不低,建议尽量选用一些符合条件的科普教育基地,如高校、科技馆、展览馆等场地作为主会场,这些场地不仅与科学教育主题相匹配,价格也更为合理。

选定主会场后,还要着手落实整体安排,包括绘制主会场平面图,标明场地尺寸、舞台区域大小、观众座位图以及进出口位置等细节。环境氛围的营造,根据实际需求和经费预算开展布置工作,至少要保证有本次活动的主题背景板、横幅、回头标等基本元素。较大型活动还需要配备媒体采访区地贴、道旗引导、路标指示牌等。如果活动对象以青少年为主,还可以设计若干打卡拍照造型、合影背景板等。如果有合影环节,应提前安排合影地点、座位及拍摄人员。

舞美设计要以节俭为原则,满足活动需要即可。一般会场的舞台灯光及音响都能够满足日常会议和简单演出的需要。如果需要进一步提升演出效果,可适当增加灯光和音响矩阵,但一定要注意安全问题,有条件的情况下可配备安保人员。

彩排工作作为全面落实活动流程的重要环节一定要有,彩排内容包括舞台设备播放、背景切换、音乐播放、节目预演、领奖人员、颁奖人员、礼仪人员、主持人员上下场衔接等诸多细节。如果是科技类竞赛活动,还要考虑答题系统与现场网络流畅度、评委打分、话筒配备等环节。

大型活动如有启动仪式,应尽量化繁为简,一般采购平台可提供相关广告公司,有多种多样的启动仪式设计方案可供选择。选择原则:一是要烘托主题,但不能喧宾夺主;二是道具的选用要满足可靠性原则,千万不能在活动现场"哑火";三是要有备份道具和备用方案以防万一。

6)宣传保障

如今早已不是"酒香不怕巷子深"的时代,科普活动宣传过程的本身就是科普的过程,应当把省、市、县(市、区)的融媒体中心都调动起来,特别是围绕青少年开展的科普活动更应该大力宣传推广。

一个好的科普教育品牌,既需要扎实的组织建设,也需要积极正面的宣传,特别是要善于挖掘亮点,守正创新。宣传不能仅停留在利用新闻平台发布活动通稿,还可以在活动之初就邀请专业人士介入,实施全链条浸入式包装,发挥群策群力的作用,提前制作采访清单,包括采访热点、采访大纲、采访安排等。

7)经费保障

绝大部分科普活动都是各级政府组织的公益行为,其经费来源主要是各级政府根据规定安排经费,各承办单位也应该根据相关文件或规定合理使用该经费。

(1)活动组织者必须提前学习了解科普经费使用的要求和报销条款,做好相关资料申请及票据方面的准备工作。

(2)要科学编制活动预算,需要走政府采购流程的,要提前提交审批,尽量避免互动开始后甚至结束后再补交预算。

(3)预算编制完毕后,为避免预算不足或预算清单中可能的疏漏,建议在预算表最后增加"其他"一栏,金额大约为总金额的15%。

8. 活动评估

本次科普活动开展效果如何,有哪些得失,为下一次科普活动提供了哪些经验和教训?这是每次活动结束后必不可少的一环,可在活动方案中适当留白,待活动结束后进行专项评估。

较常见的科普活动策划方案模板如下。

××××科普活动策划方案(模板)

活动名称:

活动主题:

活动时间:

活动地点:

活动对象:

主办单位:

协办单位:

一、活动背景与目的

(简要说明活动的背景、意义和目标)

二、活动内容与形式

(详细描述活动的内容、形式)

三、活动流程

1. 开场介绍

2. 主要活动环节

3. 互动环节

4. 总结与闭幕

四、资源与物资准备

(列出所需的物资、人员分工等)

五、宣传与推广

(说明宣传渠道和推广计划)

六、安全保障

(说明安全措施和应急预案)

七、活动预算

(列出详细的经费预算)

八、活动评估与总结

(说明活动后的评估方式和总结计划)

(二) 整合科普资源

我国科普教育的主体包括学校、家庭,以及相关场馆、企业、社会团体、高校、科研机构、政府部门等,但校内外科学教育主体缺乏协同整合意识,难以发挥资源共建、协同育人的合力。新时代科技创新人才的培养亟须转变思路。社会资源整合的手段不再是几个相关部门联合发文,而是精选优质资源,聚焦青少年成长,落实具体的合作计划,制订有效的绩效考核目标。科普活动的策划开展不再以单纯的科学知识传播与关注竞赛结果为导向,而是注重学习过程中科学精神与科学思想的培育。科普服务的有效配送不再是指自上而下大水漫灌似的"倾倒",而是指由点到面的精准施策与持续发力。

2016 年 5 月 30 日,习近平总书记在全国科技创新大会、两院院士大会、中国科协第九次全国代表大会上提出的科技创新与科学普及"两翼理论"石破天惊,自此拉开了新时代科普工作繁荣发展的序幕。

经过五年的实践,2021 年国务院印发了《全民科学素质行动规划纲要(2021—2035 年)》,首次提出"构建国家、省、市、县四级组织实施体系,探索出'党的领导、政府推动、全民参与、社会协同、开放合作'的建设模式",要求"坚持协同推进",对各级政府强化组织领导、政策支持、投入保障,激发科研院所、科学共同体等多元主体活力,充分利用科技馆、博物馆、科普教育基地等科普场所广泛开展各类学习实践活动,推进社会化科普大格局形成。同时,对"加强对科普基础设施建设的统筹规划与宏观指导""创新现代科技馆体系""大力加强科普基地建设"做了明确规定。同年,《关于进一步减轻义务教育阶段学生作业负担和校外培训负担的意见》《关于利用科普资源助推"双减"工作的通知》相继公布,影响至今。

1. 推动学校科学课程教育改革

21 世纪以来,小学科学教育发生了三次重大变革。第一次变革始于 2001 年《基础教育课程改革纲要(试行)》的颁布,这标志着小学科学课程跨越强调学科知识的时代,进入强调以学科探究为核心目标的新阶段。第二次变革发生在 2017 年,《义务教育小学科学课程标准》正式发布,提出了小学科学课程的重要目标是培养青少年科学素养,并把科学探究明确为主要的学习方式,它还要求科学课程的起始年级回归到小学一年级,实现了基础教育阶段的学科全覆盖。第三次变革则是指 2022 年版的《义务教育科学课程标准》方案出台。该方案以核心素养为切入点,凸显了学科的育人价值,强化了实践,规范了评价,加强了指导。

对广大青少年来说,科学课堂是他们系统接触科学知识的第一步,孩子的逻辑思维结构更多地是通过学科实践建立的。进一步深化学校科学课程教育改革是整合科普资源的基础,其他资源也应当围绕这个核心进行整合。

2. 整合社会科普资源

有效整合社会科普资源是提升科普活动效果、扩大影响力的重要手段。首先要明确科普活动的目标,然后根据目标分析所需的资源类型,如专家资源、场地资源、资金支持、宣传渠道等。

1)建立合作伙伴关系

(1)与科研机构合作:与高校、科研院所、实验室等建立合作关系,邀请专家学者参与科普活动,提供专业的科学知识支持。

(2)与企业合作:科技企业、科普公司等可以提供资金、技术、设备等支持,甚至可以直接参与活动的策划与执行。

(3)与政府机构合作:与科技局、教育局、科协等政府机构合作,获取政策支持和资金资助。

（4）与媒体合作：与电视台、广播、报纸、网络媒体等合作，扩大活动的宣传覆盖面，提升影响力。

2）利用现有科普平台

（1）科技馆、博物馆：这些机构通常有丰富的科普资源和经验，可以联合举办展览、讲座、工作坊等活动。

（2）社区中心、图书馆：这些场所是公众日常接触较多的地方，适合举办小型科普活动，吸引社区居民参与。

（3）线上平台：利用社交媒体、科普网站、在线直播平台等，扩大活动的传播范围，吸引更多线上参与者。

3）调动志愿者资源

（1）招募科普志愿者：通过高校、社区、社会组织等渠道招募志愿者，协助活动的组织与执行。

（2）培训志愿者：对志愿者进行必要的培训，确保他们具备基本的科学知识和活动组织能力。

4）整合资金资源

（1）申请政府资助：向科技局、教育局等政府部门申请科普项目资助。

（2）寻求企业赞助：与科技企业、基金会等合作，争取资金或物资赞助。

（3）众筹：通过众筹平台筹集资金，动员社会公众支持科普活动。

5）共享资源与信息

（1）建立资源共享平台：创建一个线上或线下的资源共享平台，供各合作方发布资源需求、提供资源支持。

（2）定期交流与沟通：与合作方保持定期沟通，分享资源信息，协调活动安排，确保资源的高效利用。

6）创新活动形式

（1）线上线下结合：利用线上平台扩大活动覆盖面，同时结合线下活动增强互动体验。

（2）跨界合作：与其他领域（如艺术、文化、教育等）合作，创新科普形式，吸引更多不同背景的参与者。

7）建立长期合作机制

（1）签订合作协议：与合作伙伴签订长期合作协议，确保资源的持续供应。

（2）定期举办活动：通过定期举办科普活动，保持与合作伙伴的紧密联系,形成稳定的合作关系。

3.培养科普人才

根据我国实际情况,应建立一支由专职队伍、兼职队伍和志愿者队伍三部分组成的科普人才队伍。专职队伍主要指专门从事科学技术教育传播和普及的人才,由中小学科学教师、有关政府部门企事业单位专职科普工作人员组成。兼职队伍主要是指具有相当科学文化素质,在本职工作之余从事科普工作或工作内容与科学教育和传播有关的人员,大多从事科技、教育、传媒、文化等方面的工作。志愿者队伍是指以弘扬科学精神、普及科学知识、志愿致力于科学普及活动的社会各方面人才,如科普专家、科技工作者、高校教师及学生、离退休人员、中小学生家长、教育传媒工作者等。

1)科普项目带动是有效动力

通过科普惠农、社区益民、科普示范县建设、科普站栏园建设、科普教育基地建设等项目,可以培养更多的基层实用科普人才,科普项目带动将成为培养、造就和使用科普人才的有效途径。

2)科普活动实践是最佳方式

大力开展各级各类科普活动是培养科普人才的最佳方式,通过科普日活动、企业"讲比"活动、"三下乡"活动、"大手拉小手"活动、青少年科技创新大赛活动、科普讲解大赛、科普作品大赛等活动,培养和造就大批科普活动组织与策划人才。

3)科教资源整合与利用是重要助力

通过有效整合与利用高校科普教育基地、科研院所、国家重点实验室、社区科普大学、企业职工教育机构等科教资源,使更多的科技工作者成为我国科普兼职人才队伍发展的来源。鼓励公众参与科普活动,形成良好氛围;鼓励企事业单位参与科普,提供资源支持;鼓励媒体参与合作,增加科普内容曝光。

4)科普组织建设促进科普志愿者队伍发展

通过进一步加强科普志愿者组织、基层科普组织、社区科普组织、企业科协组织、高校科协组织建设,促进我国科普志愿者队伍发展。

5)制度引领培养高端科普人才

通过构建和形成高端科普人才的引领机制,进一步有效培养和造就高端科普人才和各类科普专门人才。在高校设立科普相关专业或课程,重点培养一批高水平、具有创新能力的科普场馆专门人才和科普创作与设计、科普研究与开发、科普传媒、科普产业经营、科普活动策划与组织等方面的高端科普人才。畅通科普人才的职业发展通道,提供晋升机会。特别要面向未来,形成高端科普人才的引领机制,培养大批文理兼容的优秀中青年高端科普人才。

4.开发优质科普资源

现在是科普事业发展最好的时代,尤其是互联网时代的到来,为科普事业注入了新的活力。由中国科协主办的科普中国平台,以权威科学把关、公益科学传播、海量科普资源为标准,建设了大数据科普资源中心。该中心将资源按照视频、图文、挂图、音频、活动电子书等形式进行分类,实现了开放与授权下载,成为国家层面科普资源的首要平台。优质科普资源开发是需要投入大量成本的,而科普事业又具有公益性质,因此,相关政府部门应根据科普的事业发展需要制定相关政策来扶持。

1)因地制宜

开发优质科普资源,首先要因地制宜,结合本地自然资源、高新科技企业、农林牧副渔资源、传统文化资源、红色文化资源等,开发出各具特色的科普资源。

高校作为开展科普工作的重要力量之一,建设科普教育基地具有独特的优势。第一,具备丰富的科教和人才资源。高校教师和大学生都可以作为科普志愿者,在科普讲解能力方面、科普活动组织方面具有天然的优势。第二,高校的校史馆、实验室、实训基地等,既有学术底蕴,又有扎实的科学知识和充分的学习讲解场所,是最适合开展科普活动的场所之一。

2)打造品牌

品牌是企业乃至国家竞争力的综合体现,加强品牌建设是推动高质量发展的重要举措。我们要高质量推进科普品牌建设工作,全面提升我国科普发展总体水平,以科普品牌建设促进科普高质量发展。

近年来,中国涌现出许多优秀的科普品牌和平台,其形式涵盖图书、视频、音频、自媒体等多个领域。

■ **拓展阅读**

"科普＋育人"弘扬科学家精神

科学家是科学家精神最生动的载体,是科学普及最鲜活的素材,讲好科学家故事,传承弘扬科学家精神,对于提升科普育人实效意义重大。近年来,绍兴市科协围绕"让科学家精神看得见、摸得着、在身边"的目标要求,传承红色基因,打造基地群落,开展系列活动,营造创新氛围,在全社会取得良好反响。

弘扬科学家精神,需要摸清家底。绍兴市发动市、县、乡三级力量,对现有科普资源进行摸排,充分利用众多的科学家故(旧)居、纪念馆作为科学家精神教育场所,探索形成国家级、省级、市级教育基地梯队培育模式。截至目前,绍兴市累计建成26家科学家精神教育基地,实现各区、县(市)全覆盖。其中,国家级4家,数量居浙江省第一;省级9家,数量居浙江省第二。

2023年,浙江省获批全国"科学家故事众创空间"创新试点,绍兴成为全省首批试点城市。科学第一课、院士科普进校园、科学家精神宣讲团、"红色印记"科学家精神寻访打卡……众多活动把科学家故事真真切切地传递给中小学生。同时,与科学家精神相关的原创话剧《科学之光——此生问天唯求是》和系列书籍《家国情 强国梦——绍兴科学家精神故事》也已出炉,反响良好。

5. 中国传统文化是重要补充

在我国源远流长的历史长河中,有着丰富多彩的优秀传统文化,如传统建筑、民间工艺、琴棋书画、古玩器物、医药医学等,这些传统文化无不蕴含科学知识和故事,闪烁着科技文明的光辉。

对中华传统文化的科普是社会科学普及的重要内容。如《科学大众》杂志首创"赏诗词之美,品科学之道"为主题的"诗词里的科学"品牌建设项目。该杂志邀请全国多位科普专家撰稿,每期用2~3页的篇幅对一首古代诗词进行科学性解读,从诗词中的科学现象出发,延伸对科学原理的实际应用。例如"人间四月芳菲尽,山寺桃花始盛开",为什么山上的桃花开得迟呢?从叙事的角度看,海拔会影响气温,气温会影响花期,所以山上的桃花开得迟。惊喜中还有逻辑性,这样的剖析解读让古诗读起来更有意思。

又如著名网红李子柒的视频,早期的视频内容多以展现理想田园生活为主,而现在的视频内容多以展现中国传统非物质文化遗产为主,兼具人文美和艺术美,也是中华文化有效输出的重要窗口。

■ 拓展阅读

网红李子柒现象

李子柒的视频内容以展现中国传统乡村生活为主,从播种到收获、从烹饪到手工艺的全过程都被记录下来。这种质朴的生活方式和对传统文化的尊重,让观众感受到远离都市喧嚣的宁静与美好。同时,她在视频中融入了创新的元素,如将传统手艺与现代审美相结合,使得内容既有文化底蕴,又不失时尚感。她的视频拍摄手法高超,剪辑流畅,配乐恰到好处,每一帧画面都如同精心设计的艺术品。这种艺术表现力,让她的视频不仅带来视觉上的享受,更能触动观众的心灵。

李子柒的视频不仅在国内受到欢迎,在国际上也有着巨大的影响力。她的视频成为外国人了解中国传统文化的一个窗口,通过她的视频,外国人可以看到中国乡村的宁静与和谐,感受到中国文化的深厚与魅力。特别是李子柒停更三年后归来,她的视频更加专注于中国传统文化,特别是各种非物质文化遗产的魅力与传承。

2025 年 1 月 28 日晚,中央广播电视总台《2025 年春节联欢晚会》正式拉开帷幕,首次登上春晚舞台的传统文化短视频创作者李子柒,携 13 项非遗技艺惊艳亮相,与全国观众共度中国传统节日申遗成功后的第一个春节。在春晚的开场视觉秀表演中,李子柒身穿长裙登场,双手轻展,一双融合潍坊风筝和织金工艺的巨大蝴蝶翅膀也随之舒展。仿生蝴蝶从远处飞来,围绕在她身侧翩翩起舞,为观众呈现了一场科技感与东方美学交融的创意开场秀。该舞台造型融合了蝴蝶元素,巧妙展现了植物染、青神竹编、螺钿、成都漆艺、羌绣、英山缠花等十三项非遗技艺,通过绚丽的颜色和创新的设计,诠释传统文化之美。

(三)开展科普实践

1. 借助科普平台,开展科普研究

社会资源科普化的"蓄水池"正在全力蓄水,汇聚各方科普信息资源。充分利用好大数据与重大科普资源平台,对于开展科普研究和实践具有重大现实价值。可收藏关注现有的一些优质平台,包括中国知网、科普中国、公众科技网、科普云(智慧网及官方微信公众号)及科学传播在线等。

"磨刀不误砍柴工",学术研究对于科普工作者个人职业发展是必不可少的环节,在论文撰写和课题申报的过程中,科普工作者会深入思考和探索,这有利于下一步科普工作的创新开展。

2.研究科普政策,制订科普计划

合格的科普活动组织者从来不打无准备之仗。活动集中展示时间可能只有几小时或者几天,但是准备时间可能是一个月甚至半年。在学习科普政策和开展科普研究的过程中,根据重大科普时间节点、重大竞赛组织、单位特色活动、科普项目验收等进行规划,每年1月初着手制订与策划全年重要科普活动年历,并把当年工作计划落实到每月、每周。

3.创新与跨界

科普工作是一个需要社会各资源积极配合、跨学科、多领域的协同作战的一项工作,要积极探索和实践创新共享机制。创新不等于全盘推翻,创新应当是在原有基础上进行改进和优化,从而具有更高效率。科普互动创新更重要的是要促进多领域的融合发展,打破学科壁垒,实现资源的优化配置和高效利用。

4.明确主体和客体,开展科普活动

在科普活动中,主体(组织者、传播者)和客体(受众、接受者)的互动关系直接影响活动效果。根据两者的不同特点,科普活动的策划、内容和形式需要针对性调整。通过精准匹配主体能力与客体需求,科普活动才能实现高效传播,真正达成"公众理解科学"的目标。

科普活动的主体类别及特点如下。

(1)专业科研机构(如中国科学院、高校实验室),特点是权威性强、资源丰富,但可能缺乏大众传播经验。可以用开放日接待社会公众,特别是中小学生到实验室参观,或者组织科学家进行面对面讲座;还可以联合媒体,与科普博主合作制作短视频(如"中国科学院物理研究所"趣味实验);还可以组织公民科学项目,邀请公众参与数据收集(如鸟类观测、星空拍摄)。

(2)科技馆、博物馆,特点是设施完善、受众广泛,但内容可能静态化。可以进行互动升级,增加VR/AR体验(如虚拟太空行走);也可以开展主题巡展,结合热点(如"碳中和"主题展);还可以增加亲子活动环节,设计家庭协作任务(如共同完成科学手工)。

(3)学校、教育机构,特点是受众集中(学生),但受课程限制。可以开展跨学科融合科普活动,如将科学知识融入语文(科幻写作)、美术(科学绘图)

等;也可以针对高年级学生进行项目式学习,开展长期课题(如校园生态调查)等。

(4)企业(如科技公司、医疗机构),特点是技术前沿,但活动性质易被质疑"商业目的"。可以组织公益导向的活动,突出社会价值(如 AI 医疗科普讲座);还可以进行场景化体验,让公众试用产品(如 VR 急救培训)。

(5)社区/公益组织,特点是贴近市民生活,但可能资源有限。可以开展"健康养生""防灾减灾"等实用主题活动;也可以针对性开展"身边科学"活动,用日常物品演示原理(如用吸管解释大气压)。

科普活动的客体类别及特点如下。

(1)儿童(3~12 岁),特点是好奇心强,专注力短,活动需具象化、游戏化、故事化。如科学魔术(如"消失的水"演示吸水树脂),或角色扮演,用动画角色讲解科学知识(如"细菌大战"比喻免疫系统)。

(2)青少年(13~18 岁),特点是追求酷炫科技,渴望参与感。可以采用竞赛类活动充分激发其参与感和成就感,如机器人比赛、科创发明赛、科学挑战赛等。

(3)成年人(19~60 岁),特点是解决实际问题,反感说教。可以开展实用科普,如医保政策解读、食品安全检测。传播形式要短、平、快,如地铁海报(如"5G 原理一图懂")、抖音科普(1 分钟说清量子计算)。

(4)老年人(60 岁以上),特点是关注健康相关,接受速度慢。可以开展线下活动,如慢病管理讲座、反诈科普(结合案例)。

特殊群体(如残障人士、农村居民),特点是活动范围小,参与度不高。针对此类人群要更加具体化和差异化,如对残障人群,可以进行政府优待政策解读、医保政策解读等,针对农民可以讲解土地流转、宅基地、征地拆迁、农村医保等相关政策。

■ 拓展阅读

人在画中游:《清明上河图 3.0》高科技互动艺术展演

2015 年,馆藏国宝级文物《清明上河图》在故宫展出时引发了"故宫跑"。急不可耐的观众像参加运动会一样往展厅狂奔,只为能一睹真迹。每人只能在画卷前停留几分钟,即使对画卷意犹未尽,也只能抱憾而归。

三年后,《清明上河图》又将展出在大众面前。与以往不同的是,"故宫跑"不会再出现,观众可以尽情欣赏画卷的每一处细节。这得益于由凤凰卫视集团旗下的凤凰数字科技、凤凰领客和故宫博物院的故宫出版社等部门联合打造的大型高科技艺术展演——《清明上河图3.0》。

与传统静态布展形式不同,《清明上河图3.0》是一场高科技互动艺术展演。它借助高科技4D球幕体验,以360°环绕的全息立体空间还原长卷风貌。整个展演由《清明上河图》巨幅多媒体长卷、孙羊店沉浸剧场、虹桥球幕影院三个展厅以及一个北宋人文体验空间组成,从多个维度最大化地营造出观展的沉浸感和互动性,让观众仿佛置身于真人与虚拟交织的世界,体验人在画中的奇妙感受。

(四)做好活动评估

1.科普活动效果评估的目的和意义

科普活动效果评估与其他项目评估类似,是对项目实施所产生的经济效益、社会效益、生态效益、可持续影响等指标进行评估,它本身就是科普活动的一个有机组成部分。评估一场科普活动举办得如何,是否达到预期目标,这是科普活动效果评估最直接的目的。此外,通过评估所获得的数据和资料,能为未来科普活动的开展提供有力支持。

1)科普活动效果评估的目的

(1)衡量活动效果。检验是否达成预设目标(如提升公众科学素养、激发科学兴趣等),量化参与者的知识增长、态度转变或行为改变,例如通过前后测对比验证成效。

(2)优化活动设计与执行。识别活动中的优势与不足(如内容针对性、形式吸引力、传播渠道有效性),为未来活动改进提供数据支持,避免资源浪费。

(3)保障资源合理配置。评估投入产出比(如资金、人力、时间的使用效率),确保公共资源或社会资源的效益最大化。

(4)满足(问责)需求。向资助方、合作机构或公众透明化活动成果,增强公信力与可持续性。

2)科普活动效果评估的意义

(1)推动科学传播专业化。通过系统评估积累经验,形成可复制的优秀实践案例,促进科普领域的标准化发展。

（2）促进科学与社会的对话。发现公众的真实需求与认知盲区，调整科普内容以弥合科学与公众的鸿沟。例如，针对气候变化的科普可能需要从"知识普及"转向"行动引导"。

（3）支持政策制定与长期规划。为政府或机构提供数据参考，助力科普政策（如 STEM 教育、健康科普）的科学决策。

（4）增强社会效益。通过有效科普应对"信息疫情"等社会挑战（如反疫苗谣言、伪科学传播），提升公共理性决策能力。

2. 科普活动效果评估的体系框架

科普活动效果评估的体系框架可以从决策、过程、产出、效益等几个方面来分析并进一步细化，具体见表 6-1。

科普项目效果评估体系框架（参考）   表 6-1

一级指标	二级指标	三级指标	指标说明	评估要点
决策	项目立项	立项依据充分性、立项程序规范性	项目立项是否符合法律法规、相关政策、发展规划以及部门职责；项目申请、设立过程是否符合相关要求	①本项目依据的法律法规和相关文件；②本项目承办单位及相关主管单位的权责关系；③项目是否按照规定程序申请设立，相关材料是否符合要求
	绩效目标	绩效目标合理性、绩效目标明确性	项目所设定的目标是否科学合理；评价指标是否明晰、细化、可衡量	①绩效目标与科普活动是否具有相关性和必要性；②预算经费与绩效目标是否相匹配；③绩效目标是否明晰、细化、可衡量
	经费预算	预算编制科学性、资金分配合理性	经费额度与年度目标是否相适应；资金分配是否有测算依据	①预算编制、年度目标、项目内容是否相适应；②预算额度的测算依据是否充分，是否符合相关文件规定
过程	组织实施	管理制度及安全性、项目执行有效性	项目实施是否符合相关管理规定；活动各个环节是否实施到位	①项目实施是否遵守相关法律法规和相关规定；②项目实施的人员条件、场地设备、信息支撑等是否落实到位

续上表

一级指标	二级指标	三级指标	指标说明	评估要点
过程	资金管理	资金到位率、预算执行率、资金使用规范性	实际到位资金与预算资金的比率;预算资金是否按预算执行;资金使用是否符合相关财务管理规定	①资金到位率 = (实际到位资金/预算资金) ×100%; ②预算执行率 = (实际支出资金/实际到位资金) ×100%; ③资金使用是否符合财务管理相关规定,是否存在手续不全或超支等情况
产出	产出数量、质量、时效、成本	实际完成率、质量达标率、完成时效性、成本控制率	项目完成的实际产出数与计划产出数的比率;项目完成的实际产出质量达标数与计划产出质量达标数的比率;项目实际完成时间与计划完成时间比较;项目实际成本与预算成本之差与预算成本的比率	①实际完成率 = (实际产出数/计划产出数) ×100%; ②质量达标率 = (实际产出质量达标数/计划产出质量达标数) ×100%; ③实际完成时间与计划完成时间是否一致,原因为何; ④成本控制率 = [(实际成本 − 预算成本)/预算成本] ×100%
效益	项目效益	实施效益	项目实施所产生的经济效益、社会效益、生态效益、可持续影响等	①门票、农产品或文创产品等衍生品收入; ②活动辐射人群和人数; ③媒体报道频次与公众影响力
		满意度	社会公众或服务对象对项目实施效果的满意程度	相关部门、群体或个人对项目实施的满意度和美誉度,一般体现为评优、评先、考核结果,或社会调查报告等形式

3.科普活动绩效评价报告

绩效评价报告一般先介绍活动的基本情况,然后可根据科普项目效果评估体系框架分析项目决策、项目过程、项目产出、项目效益等情况,然后介绍主要经验及做法、存在问题及原因分析,最后提出下一步计划及有关建议。最后补充一点,绩效评价报告必须有相应的佐证材料。一般科普活动绩效评价报告(参考提纲)如下。

科普活动绩效评价报告(参考提纲)

一、基本情况

(一)项目概况。包括项目背景、主要内容、实施情况、资金情况。

(二)项目绩效目标。

二、绩效评价工作开展情况

(一)绩效评价目的、对象、范围。

(二)绩效评价原则、评价指标体系等。

三、综合评价情况及评价结论

四、绩效评价指标分析

(一)项目决策情况

(二)项目过程情况

(三)项目产出情况

(四)项目效益情况

五、主要经验及做法、存在问题及原因分析

六、有关建议

课堂反馈

1. 简述如何撰写科普活动方案。

2. 简述如何实现科普活动创新。

3. 简述如何撰写科普活动绩效评价报告。

科普实践

2024 年全国"科普日"活动

2024 年全国"科普日"于 9 月 15 日拉开帷幕,由中国科协、中共中央宣传部、中央网信办、教育部、科技部等二十一个部门共同主办。2024 年的活动主题为"提升全民科学素质 协力建设科技强国",主要活动包括"千馆展览探未来""万场报告话前沿""千万 IP 创科普"三项重点活动,学会、科普阵地、高校、企业、园区等八个联合行动,以及各部门、各地区、各单位打造的主场活动。

活动锚定 2035 年建成科技强国目标,面向高校学生、青年科技工作者、公务员和广大公众,开展多层次、分众化的高阶前沿科普,多角度展示我国科技创新成就,展现创新成果背后的科学精神和科技工作者风采,弘扬以爱国主义为底色的科学家精神,鼓舞全社会的自豪感和自信心,凝聚实现高水平科技自立自强的磅礴力量。

1.实训目标

(1)撰写科普活动方案。

(2)实现科普活动创新。

(3)撰写科普活动绩效评价报告。

2.实训内容与要求

(1)结合本地科普资源,撰写一份科普活动策划方案。

(2)根据2024年度全国"科普日"要求,结合本单位(学校)科普资源优势组织一次科普活动。

(3)撰写一份科普活动绩效评价报告。

3.实训成果

(1)一份科普活动方案。

(2)一次科普活动及相关资料。

(3)一份科普活动绩效评价报告。

4.实践考核与评价

根据科普活动绩效评价报告进行考核评价,实践考核细则见表6-2。

实践考核细则　　　　　　　　　　表6-2

评价指标	评价标准	分值(分)	得分(分)
科普活动方案	内容翔实、分工明确	10	
	备用方案、应急措施	10	
科普活动实施	各司其职、组织得力	15	
	科普得法、氛围良好	15	
	保障到位、完成顺利	10	
科普活动评估	总结评价、归纳得失	10	
	绩效考核、"人、财、事、物"	20	
	宣传有力、效益良好	10	
合计		100	

注:若存在以下行为,则实施一票否决,课程考核成绩计为不合格。

(1)不认同科学精神,在科普活动组织与策划中故意与之背离,且拒绝改正。

(2)故意不按要求、规则、规范组织策划科普活动,且拒绝改正。

参 考 文 献

[1] 任福君,翟杰全.科技传播与普及概论[M].修订版.北京:中国科学技术出版社,2014.

[2] 任福君,尹霖.科技传播与普及实践[M].北京:中国科学技术出版社,2015.

[3] 赵玉龙,鞠思婷,郭进京,等.发达国家科学传播政策分析以及对我国的启示[J].科普研究,2022,17(3):72-82,104,109.

[4] 刘婧一.科技人力资源科普化的现状与建议:以我国五省市科技工作者开展科普工作为例[J].今日科苑,2022(9):57-70.

[5] 何丹.短视频时代的科学传播策略研究[J].视听界,2024(2):87-90.

[6] 邱成利.科普讲解[M].重庆:重庆大学出版社,2022.

[7] 萧文斌,吴晶平,杨帆.科普最强音:全国优秀科普作品赏析与研习[M].北京:科学技术出版社,2023.

[8] 葛璟璐.青少年科普活动策划与实施[M].南京:南京出版社,2024.

[9] 景佳.科普活动的策划与组织实施[M].广州:华中科技大学出版社,2011.

[10] 刘晓蔚,黄丽芸,杨丽萍,等.科普创作与传播策略[J].科技视界,2024,14(5):22-26.

[11] 季卜枚.怎样写科普文章[M].武汉:湖北科学技术出版社,1986:7.

[12] 徐传宏.科普创作的前奏:科普写作五步法[J].科技视界,2011,10:34-38.

[13] 邱成利.科普管理[M].重庆:重庆大学出版社,2024.

[14] 任福君,张义忠,刘广斌.科普产业概论[M].北京:中国科学技术出版社,2018.